KB013661

빛깔있는 책들 301 - 16

설악산

글/손경석 ● 사진/성동규

대원사

손경석

서울대 문리대 정치학과 졸업. 한국
산악회 이사, 종신회원으로 대한산악
연맹, 대한스키협회 이사, 서울대
문리대 OB 산악회 부회장 등을 역임
하였다. 1948년에 적설계 오대산
초등을 비롯하여 설악산 천불동 계곡
초등반, 설악산 서북주릉 초등대장,
히말라야·안나푸르나 I 봉 남벽 정찰
대장 등 많은 산행 경력을 가지고
있다. 현재는 은령스키 산악클럽 회
장, 한·네팔협회 회장, 한국산서회
회장직, 한국산악회 부회장을 맡고
있다. 저서로는 「등산의 이론과 실
제」「등산·하이킹 시리즈」「저! 히말
라야」「한국의 산천」「한국의 산악」
「명산사계」「최신종합등산기술백
과」「안전 등산」「서바이벌」「히말라
야 초등반기」「암벽등반기술」「회상
의 산들」「등산 일기」「등산 반세
기」「세계산악콘사이스사전 한국편」
「그 산길 그 여로」「산 또 산으로」
등의 기행문 수필집 등이 다수 있
다.

성동규

1948년 충남 대전에서 태어나 1973
년 설악산의 사진 작업을 위하여
설악동으로 이주하였다. 1986년 설악
을 재발견하기 위하여 겨울 알프스를
2달 동안 다녀왔으며, 1989년 히말라
야 로체봉을 원정 C_3 (7300m)까지
진출하였었다. 사진집으로 「비경설
악」(강원일보 刊, 1985), 「이미지
오브 설악」(아카데미 서적, 1989)
등이 있으며「꿈속의 설악」을 출간할
예정이다.

빛깔있는 책들 301-16

설악산

설악산

설악산 천불동 계곡　외설악을 대표하는 천불동 계곡은 비선대로부터 시작해서 대청봉에 이르는 15킬로미터의 긴 골짜기이다. 봄에는 봄꽃이, 여름에는 녹음으로, 가을에는 현란한 단풍으로 그리고 겨울에는 설화가 꽃피어 환상의 별천지가 된다.

머리말

설악산(雪嶽山)은 금강산(金剛山) 그늘에 가리어 있었다. 그래서 일찍이 산이름은 알았지만 구석구석 찾는 사람이 드물었다. 교통이 편한 금강산은 삼국시대부터 널리 알려져 있었지만 한때 한계산 (寒溪山)으로도 부르던 설악산은 접근하기가 너무나 어려웠다. 금강산은 기차를 타고 철로를 통해 쉽게 갈 수 있었으나 설악산은 영(嶺) 너머 두메 산골 준첩한 산길을 타야만 했었다.

조국 광복 뒤 38선은 금강산을 막아 버렸다. 그리고 설악산마저 38선 이북 땅이 되었다.

6·25 뒤 설악산이 수복된 것은 1953년이다. 곧 설악산이 남한의 품으로 돌아온 것이다. 1954년 이래 전혼(戰魂)이 감도는 설악산을 찾게 되었다. 어쩌면 염원의 금강산을 그리면서 설악산을 찾는 사람들이 몰렸을지 모른다.

다듬어진 수려함이 금강산이라면 설악산은 자연 그대로의 장엄함이 있었다. 그곳에는 결코 금강산에 못지않은 화려함마저 있었다. 그래서 설악산 기암 괴석의 경관에는 금강산 경승지 같은 이름마저 붙게 되었다. 실상 금강산 버금가는 경관이 구석구석에 있음을 알고

닮은 이름이 붙게 된 것이다.

설악산은 새로운 관광 명소로, 새로운 등산 영역으로 그리고 금강
산 못지않은 새로운 수려한 경승지로 새롭게 등장했다. 영동길이
다듬어지고 설악산 곳곳이 알려지면서 한국 등뼈인 태백산맥의
원이름 백두대간(白頭大幹)의 명승이 겨레 가슴 속으로 파고들게
된 것이다.

외설악 만물상　여러 개의 바위들이 저마다 다른 모양으로 뒤엉켜 하나의 신비감과 도원경을 이룬다.

설악산의 경관을 한층 돋구어 주는 기상적 요소로서는 광선이 암산에 비칠 때, 운해(雲海)가 산허리를 감쌀 때, 농무나 서리가 산마루를 덮을 때 그리고 온대권의 기온 변화 등이 산악미의 아름다움을 한층 더해 주는 것이다.

또한 산의 높이, 지형, 폭포, 계곡의 아름다움과 뛰어난 지리적 경관으로 수려함을 보여 주고, 생태계의 여러 요소들은 여기에 어울려 설악산의 독특한 절경들이 종합적 자연 예술로까지 승화시켜 주고 있다. 그 경승이, 그 아름다움이 설악산이기에 이 자연을, 이 환경의 멋을 길이 보존하고 가꿀 것도 더불어 책임져야 할 민족의 과제인 것이다.

이 설악산엔 근대사 민족 독립의 맥박 만해(萬海) 한용운(韓龍雲)의 넋이 있으며 조선조 김삼연(金三淵)의 통분(痛憤)이 있고 매월당(梅月堂) 김시습(金時習)의 오열(嗚咽) 너울이 있다. 어디 그뿐이랴. 이념의 갈등 속에 빚어진 기막힌 전란, 현대사 민족 수난의 비극의 소용돌이도 이 속에 있었다. 이 산자락엔 찾는 이들의 가슴에 와 닿는 말없는 교훈이 있다. 수려하고 장엄한 설악산 품에는 역사의 사연들도 숨쉬고 있다.

설악산은 찾는 이들에게 아름다운 경관을 보고 느끼게만 하는 것이 아니라 강렬한 나라 사랑의 얼을 새롭게 해주는 것이다.

설악산의 예와 오늘 그리고 구분

옛길 설악산은 인제(麟蹄)를 지나 원통(元通)에서 지금의 장수대(將帥臺)가 있는 자양전(紫陽田) 메밀밭을 끼고 한계령(寒溪嶺)을 넘어야 했다. 그 산길 오솔의 숲길을 뚫고 산 타는 기술을 모를 때는 청봉(靑峰)으로 그대로 오르긴 어려웠다. 그래서 양양(襄陽)으로 나와 외설악(外雪岳)길을 가기도 하고 대승령(大勝嶺) 너머로 내설악(內雪岳)길을 잡기도 했다. 그렇지 않으면 대관령(大關嶺)이나 미시령(彌失嶺) 너머로 설악동으로 빠져 외설악길을 잡아야 했다. 더구나 외가평(外加坪)의 용대리(龍垈里)에서부터 백담사 계곡길은 계류를 수없이 넘어야 하는 어려움 때문에 내설악 비경에 손쉽게 접근할 수 없었다.

설악산이 수복되자 속초에서 신흥사(新興寺) 외설악길이 뚫리고 또 원통에서 한계령 너머 오색리(五色里)에서 설악산으로도 쉽게 접근할 수 있게 되었다. 한편 용대리 내설악 백담 계곡길은 계류에 다리를 놓아 수렴동(水簾洞) 계수미(溪水美)를 보며 설악산에 오르게 되었다.

설악산은 동서남북에서 접근할 수 있게 되었는데 동쪽 물치리는

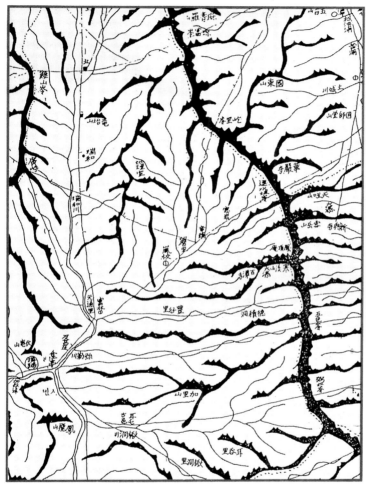

김정호의 '대동여지도' 가운데 설악산 주변도

소공원 국립공원 매표소

외설악의 대표적 관문으로 동쪽에서 접근하는 길이다.

서쪽은 용대리가 내설악으로 들어가는 대표적 관문이 되었고,
북쪽에서도 미시령길이 다듬어지고 포장되면서 울산바위 동면을
보며 들어갈 수 있으나 등산로는 정비되어 있지 않으며 척산(尺山)
온천을 지나 설악동에 외설악으로 접어들 수 있다.

서쪽은 용대리길말고도 원통에서 한계령길을 타고 남쪽에서 들어
가는 여러 갈래의 등산로가 있으니, 그 대표적인 것이 장수대가
기점이 되어 대승폭 대승령길, 한계령길 그리고 오색리길 등 남쪽에
서 설악산을 오를 수 있다.

12선녀탕 계곡 이 계곡은 폭포와 탕의 연속으로 구슬 같은 푸른 물이 갖은 변화와
기교를 부리면서 흐른다.

한편 남설악(南雪岳)으로 부르는 오색리 부근의 명승과 가리봉(加里峰, 1,518미터) 주변은 새로운 경관지로 각광을 받고 있다.

남설악을 오색리 주변으로만 하지 말고 설악산 서북 능선을 경계로 해서 그 북면 일대 수렴동 백담 계곡을 내설악으로 하고, 서북 능선 남쪽을 남설악으로 구분해야 한다. 곧 원통 장수대 주변, 대승폭골 그리고 가리봉 남북 일대와 한계령, 오색리, 점봉산 주변까지는 남설악으로 해야 된다.

설악산은 사방에서 접근할 수 있지만 대표적으로 내설악, 외설악, 남설악으로 구분된 설악산의 길은 용대리, 백담 계곡길이 내설악으로의 대표적 기점이 되고, 외설악의 대표적 길은 신흥사, 설악동 소공원이 기점이 되며 천불동(千佛洞)으로 가는 길이 으뜸이 된다. 남설악은 한계령을 분수령으로 해서 서쪽의 장수대 기점과 동쪽의 오색리에서 오르는 길로 대표된다.

그 밖에 남교리(嵐校里) 12선녀탕에서 안산(鞍山)과 대승령을 지나 북으로 내설악의 수렴동길이나 남으로 장수대 또는 서북 능선으로 가는 길이 있다. 이 12선녀탕 계곡길은 휴식년도인 1993년 말이 지나면 인접한 비경지와 더불어 새로운 설악으로 각광을 받게 될 것이다.

개관

　설악산은 남한에 있어서는 한라산, 지리산 다음으로 높은 산일 뿐만 아니라 그의 웅장한 모습은 우리나라 굴지의 명산이라고 할 수 있다.

　우리나라 동해안에 치우쳐 중남부에 걸쳐 등뼈 산맥을 이루고 있는 백두대간 남북의 태백산맥 북쪽에 자리잡고 있다. 태백산맥 북쪽으로는 금강산을 솟게 하여 북한의 중첩된 산맥과 고원(高原) 지대에 통하고 남으로는 오대산, 태백산을 거쳐 차령산맥, 소백산맥 등이 뻗어 있다.

이름의 유래

　설악산의 주봉은 대청봉(大靑峰)으로 해발 1,708미터이다. 일년 가운데 다섯 달은 눈에 쌓여 있으므로 설악(雪岳)이라 이름지었다고 전해진다.

　봄의 진달래, 초여름의 후박꽃과 신록, 가을의 단풍 그리고 겨울의

대청봉에서 본 일출

공룡 능선 외설악을 대표하는 암봉군으로 마등령에서 대청봉으로 이어지는 북주릉의 7킬로미터 능선이다.(위)
털진달래 설악산의 대표적 관목으로 중청봉 부근에서 군락을 이루고 있다.(왼쪽)

설경으로 등산객만이 아니라 관광객이 가장 많이 찾는 곳이기도 하다. 강원도 인제군과 양양군, 고성군 일부와 속초시까지 이어진 산으로 설악산맥 북주능선을 경계로 하여 동쪽을 외설악, 서쪽인 인제 방면을 내설악, 남쪽을 남설악이라고 부른다.

원래 이 산은 불교 관계의 기록에 의하면 설산(雪山) 또는 설봉산(雪峰山)이라고 불렀다고 하며, 금강산을 옛날에 서리뫼(霜嶽)라고 불렀듯 설악산은 설뫼(雪嶽)라고 했다 한다.「동국여지승람(東國輿地勝覽)」에도 "한가위(中秋)부터 쌓이기 시작한 눈이 하지(夏至)에 이르러 비로소 녹기 때문에 설악이라 불린다"라고도 했다. 한편「증보문헌비고(增補文獻備考)」에는 "산마루에 오래도록 눈이 덮이고 암석이 눈같이 희다고 하여 설악이라 이름지었다"고 씌어 있다. 또한 설(雪)은 결국 신성함을 의미하는 '살'의 음역(音譯)이고 보면 곧 생명의 발상지로 숭상했다는 뜻도 있다고 본다. 우리나라 고래부터 내려온 숭산(崇山) 사상의 연유이다.

경관의 개요

이 설악산은 금강산에 비해 교통이 불편해서 찾는 사람이 드물었으나, 예부터 시인 묵객은 오히려 이 산이 금강산보다 웅대하고 수려하여 산수의 깊이가 한층 더하다고 해서 아껴 왔다.

속칭 개골산(皆骨山)이 금강이고, 수목이 수놓은 듯 맵시가 곱다 해서 옷 입은 금강을 설악산이라고 한 것만 보더라도 짐작이 된다. 한때는 내설악인 인제 쪽을 한계산이라 불렀고 외설악만을 설악이라 했다. 훗날 내외설악을 모두 합쳐 설악산이라 부르고, 북쪽의 진부령(陳富嶺)에서부터 신선봉(神仙峰)을 거쳐 마등령(馬等嶺), 청봉(青峰) 그리고 한계령까지를 그어 내외설악의 경계로 삼았다.

한계고성 내설악 한계리에서 북쪽으로 성 모양의 돌담이 쌓여 있는데 이 고성은 고려 말에 축성된 것이라 추측한다.

백운동 계곡 폭포 서북 능선에서 시발하여 구곡담 계곡의 상류가 되는 백운동 계곡은 수렴동 계곡과 더불어 내설악의 현유한 계곡미를 보여 준다.(옆면)
주걱봉 설악의 맛터호른이라 부르는 봉우리이다.(위)

내설악은 우아한 계곡미로 백담(百潭), 수렴(水簾), 백운(白雲), 가야(伽倻)의 여러 계곡 동천(洞天)으로 갈라져 은은하고 여성적인데 비해, 외설악은 천불동 계곡을 끼고 양쪽에 솟은 기암 절벽의 봉란미로 남성적인 절경을 이룬다.

한편 남설악은 필자가 1970년에 이름을 붙여 보았는데, 장수대에서 한계령 너머 오색리를 경계로 한 남쪽 일대의 절경을 말한다. 여기에는 점봉산(點鳳山, 1,424미터), 가리봉, 주걱봉 등은 물론이고 그 남쪽 군량밭에 이르는 필례골, 연밭골 그리고 대목령골의 비경 계곡을 포함한다.

지세(地勢)와 교통

국립공원

설악산은 1970년 3월 24일에 국립공원으로 지정되었고 그 면적은 373제곱 킬로미터이다. 행정 구역상으로는 강원도 속초시와 고성군, 인제군 등에 걸쳐 있다. 국립공원으로 지정되기 전에도 '천연보호구역'으로 지정되었으며 1981년 유네스코에서 설악산의 경관과 생태 보호를 위해 '생물보존지역'으로 지정했다. 그 뒤 남설악 남쪽의 점봉산 일대가 설악산 국립공원에 새롭게 포함되었다.

능선(稜線)

북주릉(北主稜)
주봉 대청봉을 최고봉으로 해서 북쪽으로 뻗쳐 마등령, 늘목령(低項嶺)을 거쳐 황철봉(黃鐵峰, 1,381미터)에서 미시령을 지나 신선봉(神仙峰, 1,204미터)에서 다시 진부령까지의 능선을 설악산맥 또는 설악 북주능선이라고 부르며 이 사이에는 자철(磁鐵)이 많은 황철봉으로 인하여 나침반이 잘 들지 않으며 마등령에서 대청봉까지는 기암 절벽이 마치 톱니같이 날카로운 일명 공룡 능선이 있다.

공룡 능선

마등령에서 대청봉으로 이어지는 북주릉의 7킬로미터에 가까운 암봉군(岩峰群)을 말한다. 외설악에서 봉란미의 극치인 천화대(天花臺)를 끼고 솟는다. 정상을 향해 왼쪽으론 천불동 계곡을 끼고 솟고, 오른쪽으론 내설악의 가야동 계곡을 끼고 솟아 암봉 성벽같이 어깨를 재듯 독립봉들이 줄을 잇는다. 공룡 능선은 내설악의 용아장성(龍牙長城) 능선과 함께 설악산을 대표하는 암봉 능선이다.

독주골 능선

대청봉에서 남쪽으로는, 중청봉(1,666미터)에서 오색약수리(五色藥水里)까지 닿은 설악 독주골 능선은 동서로 갈라져 있고 그 동쪽은 독주골이라는 깊은 계곡이 있으며, 서쪽으로는 독자암 능선 너머 온천의 특징을 가지고 있다는 독자암 계곡이 있다.

서북 능선(西北稜線)

설악산맥의 주능선은 일단 대청봉에서 서북쪽으로 흐르다가 1,397미터 봉에서 한계령을 지나 점봉산으로 빠져 한계 능선과 이어진다. 능선의 한 줄기는 계속 서북으로 뻗어 귀때기청봉(1,578미터)에서 대승령을 지나 안산(鞍山, 1,430미터) 일명 길마산까지 뻗쳐 유명한 12선녀탕 계곡을 만든 서북 능선은 다시 서북쪽으로 흘러 남교리에서 고개를 숙이고 있다. 특히 길마산 부근을 안산 능선이라고 달리 부르기도 하며, 대승령에서 귀때기청봉을 거쳐 대청봉 사이의 능선은 여러 험준한 봉우리가 솟아 그 이름이 높다.

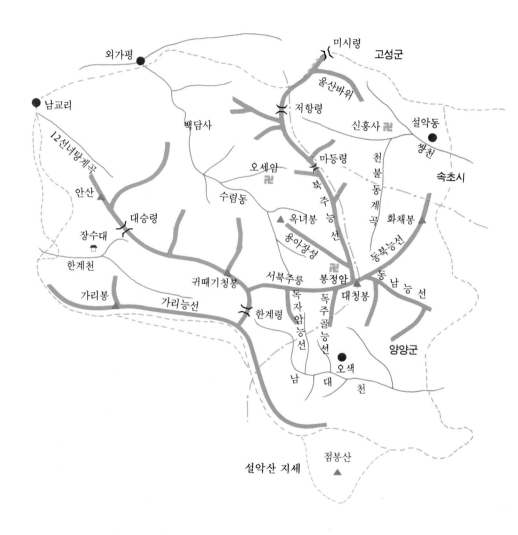

설악산 지세

가리 능선(加里稜線)

한편 한계령에서 서쪽으로 가리봉(加里峰, 1,518미터)을 거쳐 원통리까지 뻗친 별개의 가리봉 능선은 서북 능선과 평행해서 뻗쳐 있다. 그 사이에 한계천(寒溪川)이 흘러 장수대 수림 지대와 하늘벽, 옥녀탕 등의 명승을 만들고 있다.

용아장성 능선(龍牙長城稜線)

필자가 1969년 옛문헌에서 이름을 찾아 붙였다. 소청봉에서 봉정암(鳳頂庵) 뒤를 지나 1,224미터 봉이 있고, 칠형제봉을 거쳐 옥녀봉에 이르기까지 능선이 있으니 이것을 용아장성릉이라고 한다. 마치 용의 치아(齒牙) 모양으로 뾰족한 암봉은 흰 화강암으로 되어 연봉을 이루는 기관(奇觀)으로 내설악의 절경이다. 이 용아장성릉은 북쪽으로 가야동(伽倻洞) 계곡을 끼고 공룡 능선과 마주 보며, 남쪽으로 내설악에서의 절경인 수렴동(水簾洞)의 구곡담 계곡(九曲潭溪谷)을 끼고 있으니 백운동 계곡을 상류에 두고 쌍폭(雙瀑), 관음폭, 용담폭의 장관을 이루어 백담사 앞을 흐르는 백담 계곡까지 흘러서 내설악 계곡미의 대표적 계수미 풍치를 만들어 주고 있다.

독자암 능선

청봉 남쪽으로는 흔히들 말하는 끝청봉에서 독주골을 동쪽으로 하고 832미터 봉까지 뻗친 능선을 독주골 능선이라고 부르며 설악 남능선과 나란히 남으로 뻗쳐 있다.

동남 능선(東南稜線)

동쪽으로는 청봉에서 1,399미터 봉, 1,347미터 봉을 거쳐 관모산(冠帽山, 889미터) 그리고 양양 근처까지 뻗친 동남 능선은 일명 관모 능선이라고도 부른다. 이 관모 능선은 남쪽 한계령에서 동해로

용아장성 능선　내설악의 대표적 능선인 용아장성릉은 용의 이빨 모양과 같은 뾰족한 암봉들이 연봉을 이루어 우거진 신록과 함께 암봉과 계수미의 절경을 만들어 준다.

흐르는 남대천(南大川)을 끼고 있다.

동북 능선(東北稜線, 일명 화채 능선)

다시 청봉에서 화채봉(華彩峰, 1,305미터)을 거쳐 권금산성(權金山城, 860미터)을 지나 집선봉(集仙峰)까지 그리고 정고리로 빠지는 북쪽 능선을 동북 능선 또는 화채(華彩) 능선이라고 부르며, 설악 북주릉과의 사이에 외설악에서 가장 큰 계곡인 천불동 계곡을 이루어 맑은 청류와 양폭, 오련폭, 염주폭, 천당폭 등 급류를 흘러내리게 하고 있다. 다시 화채봉에서 동쪽으로 송암산(松岩山, 767미터)까지 뻗친 화채 동(東)능선은 신흥사 앞을 흐르는 쌍천(雙川)과 피골 그리고 남쪽으론 복골 계류를 이루어 향산폭 등의 계류와 비교적 부드러운 능선길을 만들고 있다.

북천(北川)

양양군과 고성군의 경계가 되는 미시령에서 도적소를 만들고, 용대리 외가평, 남교리로 흐르는 북대천(北大川)은 북한강의 상류가 되고, 이 북대천의 북쪽인 고성군도 자연 보존 지역에 포함된다.

지질(地質)

설악산 지역의 암질은 화강암(花崗岩)의 관입(貫入)으로 암질차(差)에서 오는 차별 침식으로 웅장한 모습과 다채로운 경치를 만들고 있으며, 특수한 하식 작용(河蝕作用)은 내설악에서의 구혈이나 담(潭), 소(沼), 폭포(瀑布)를 무수히 이루게 하고 있으며 편마암(片麻岩)들의 부정합(不整合)은 특수한 경관 풍치를 만든 요인이기도 하다.

교통

　서울에서 설악산으로 가려면 시외버스 정류장에서 설악동 직행 버스나 속초행 버스를 타면 된다. 또한 미시령을 거쳐서 가는 버스도 운행되고 있다. 새벽 5시부터 출발하는 좌석 버스는 미리 좌석을 예매해 두는 것이 편한 여행을 할 수 있다. 비철에는 당일에도 그리 혼잡하지는 않다.

　이 밖에도 영동고속버스를 이용하여 강릉 또는 속초까지 가서 설악동 신단지행 버스를 갈아 탈 수도 있다. 강릉에서는 고속버스 정류장에서 연결되는 설악동행 버스가 수시로 출발하고 있다.

　춘천에서 홍천을 거쳐 양양으로 갈 수 있는 56번 도로가 개통되면서 남설악이나 외설악으로 가는 교통편이 새롭게 등장했다. 이 56번 도로는 구룡령(九龍嶺) 차도라 불리는데 태백산맥의 구룡재를 넘는다.

　설악산은 목적하는 내설악, 외설악, 남설악에 따라 하차해야 되는 정류장이 각각 다르나, 외설악은 앞서 말한 교통으로 가장 편리하게 목적지에 도착할 수 있으며, 내설악의 백담사를 목적지로 할 때는 영동고속도로를 이용하지 않고 홍천(洪川)을 경유해서 인제 또는 원통을 거쳐 진부령을 넘는 속초행의 직행버스를 타야 한다. 물론 외설악으로 갈 경우에도 이 버스를 이용해서 속초까지 갈 수 있으나 내설악이 목적일 때는 남교리(12선녀탕이 목적일 때)나 용대리 (백담 계곡을 경유하는 내설악일 때)에서 내려 택시를 이용해서 국립공원 관리사무소 앞이나 경우에 따라 백담사까지 차편으로 갈 수 있다. 택시일 때는 원통에서 시발하는 것이 더욱 편리하다.

　남설악은 인제에서 원통을 거쳐 장수대에서 한계령을 넘어 오색리에서 내리면 되고 또한 영동고속도로를 이용해서 강릉에서 양양을 거쳐, 양양에서 오색리 남설악으로 가는 버스나 택시를 이용하는

백담사 극락보전과 만해당 등 9동의 건물이 있는 백담사는 내설악을 대표하는 옛 절로 유명한 관광지이다.

것이 편리하다. 또한 내설악의 낭만적인 코스로는 서울에서 춘천까지 가서 춘천 소양강댐에서 배를 이용하여 인제까지 가고 여기서 다른 교통편으로 내설악이나 한계령으로 가는 방법도 있다. 이 코스는 호수의 수로와 산길을 겸해서 갈 수 있는 설악산 길이다.

주말이나 등산철에 각 관광회사에서 운행하는 내, 외, 남설악행 버스를 이용하는 것이 편리하지만 일정에 얽매이는 부자유스런 면이 있다.

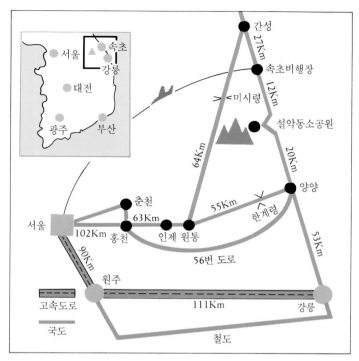

설악산 위치도·교통

　철도를 이용하려면 서울—춘천간은 기차로 가서 춘천발 속초 설악동 가는 버스를 이용하면 된다. 또한 기차로 강릉까지 가서 강릉에서 속초 경유 설악동으로 갈 수 있으며 강릉—속초간은 약 2시간이 걸린다. 대전, 광주, 대구, 부산에서는 철도를 이용하는 경우가 손쉽고 영주(榮州)에서 영동선(동해 북부선)을 갈아 타고 강릉까지 갈 수 있다. 항공편은 서울서 속초 또는 강릉행 항공편이 있어서 시간을 단축할 수 있다.

명승과 사적

외설악

소공원과 울산암 주변
신흥사

속초 시내에서 서쪽 19킬로미터 떨어진 외설악의 관문 격인 설악동의 소공원에 자리한 절로 창건 역사가 깊고, 주위 경치가 아름답기로 우리나라의 다른 큰 절들과 함께 손꼽힌다.

신라 제28대 진덕여왕(眞德女王) 7년에 자장 율사(慈藏律師)가 오대산(五臺山)으로부터 설악산에 들어와서 절을 건립하고 향성사(香城寺)라 한 것이 이 절의 시초이다. 절 앞뜰에는 9층석탑이 세워져 있고 석가세존 사리를 봉안하였다 한다. 곧 이 절은 자장 율사가 당나라에서 불도를 닦고 귀국하여 건립한 사찰과 탑 10개 가운데 하나인 것이다.

옛날 기록에 의하면 자장 율사가 신라 선덕여왕 6년에 왕명을 받고 당(唐)나라에 가서 청량산(淸凉山) 문수보살 밑에서 성심껏 불도를 정진한 끝에 마정수기(摩頂手記;득도하였음을 말함)하여

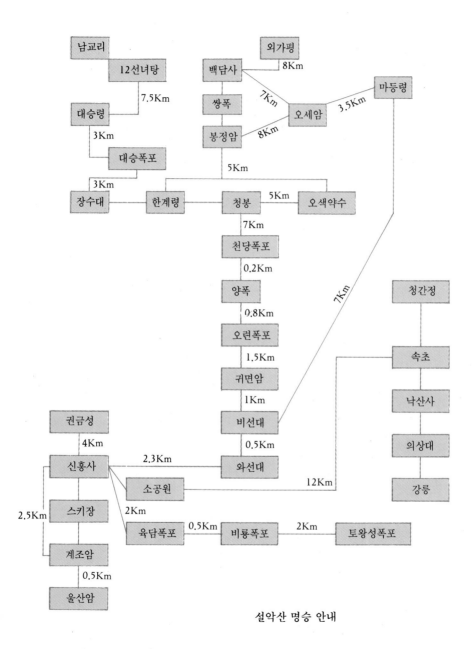

설악산 명승 안내

불정골불아(佛頂骨佛牙；부처님의 어금니), 금점가사(金点架裟；부처님이 입던 금무늬가 있는 옷) 한 벌, 불사리 100개를 가지고 선덕여왕 15년에 귀국하여 황룡사(皇龍寺)를 창립하며 9층석탑을 세우고 불사리 33개를 봉안하였다고 한다. 자장 율사는 28대 진덕여왕 4년에 통도사(通度寺)를 건립하고, 다음해 6년에 오대산 비로봉 아래 중대(中臺)에 적멸보궁(寂滅寶宮)을 건립하였고 다시 13층의 대화탑(大和塔)을 태백산 갈래사(葛來寺)에 세웠고 또 설악산에는 봉정암 등을 건립하고, 각각 불사리를 봉안하였다고 한다.

향성사는 창건 223년 뒤에 화재로 잿더미가 되었고 앞뜰에 세워진 9층석탑도 화재 당시 파손되어 현재 5층만이 남아 있게 되었다. 그 뒤 같은 자리에 의상 대사(義湘大師)가 선정사(禪定寺)를 창건하였으나 인조 22년에 다시 소실, 다음해인 인조(仁祖) 23년에 고승 운서(雲瑞), 연옥(連玉), 혜원(惠元) 등 세 승려가 창건한 것이 곧 지금의 신흥사로 법당과 극락보전 및 보제루를 비롯한 수개의 건물이 현존할 뿐이다(이것도 6·25 때는 폐허가 되었으나 그 뒤에 보수한 것이다).

선정사가 불타 버린 뒤 대부분의 승려가 무심히 흩어지매 뜻을 같이한 운서, 연옥, 혜원 세 승려가 수백 년의 역사를 가진 옛 절이 일조에 사라짐을 크게 한탄하고 기어코 사찰을 재건할 것을 결심하였다.

하루는 세 승려가 똑같은 꿈을 꾸었는데 달마봉(達摩峰) 아래 향성사 옛터 뒤에 자리잡은 소림암(小林庵)으로부터 신인이 나타나 "나는 달마이다. 그대들이 저 건너편에 절을 지으면 수만 년이 지나도 삼재(三災)가 범하지 못할 것이니, 저곳에다 절을 세워라" 하고 말하고 하늘로 올라갔다 한다. 이렇게 신의 계시로 창건하였다 하여 신흥사라 이름지었다고 한다. 이 신흥사의 불상은 선정사 당시 봉안하였던 불상으로 의상 대사가 직접 조성한 세 불상으로서 지금부터 약 1000여 년 전 것이 전해 온다.

신흥사의 범종(梵鍾)

신흥사의 범종은 지금으로부터 약 1400년 전 향성사 당시의 종으로 향성사가 소실될 때 깨어졌던 것을 조선 영조 24년에 화주(化主) 원각(圓覺)이 개주(改鑄)하였으나 충분치 못하여 10년 뒤인 영조 34년에 화주 홍안(弘眼)이 다시 개주하였다. 무게가 천 근으로 6·25 때 총상을 입은 것을 1963년에 수리하여 현재 신흥사 보제루에 비치되어 있다.

향성사 석조 5층탑

신라 진덕여왕 7년에 자장 율사가 향성사를 건립하고, 당나라에서 가지고 온 사리(舍利)를 봉안하여 건립한 석탑으로서 원래는 9층의 석탑이었으나 향성사 화재 때 4층이 파괴되고 현재는 5층만이 남아 홀로 옛절의 추억을 그리면서 말없이 서 있다.

노루목과 설악동 소공원

물치에서 설악동 소공원으로 포장도로가 정비되어 있다. 그 도중 도문동(道門洞) 지난 언덕에 지금은 여관촌이 되어 있는 비탈면에 1969년 해외 원정 훈련중이던 한국산악회 등반 대원 가운데 조난당한 10동지의 묘와 묘비가 세워져 있다. 이곳에는 이 외설악으로의 대표적 관문답게 숙박 시설을 위한 C단지, B단지 등이 조성되어 모텔, 여관, 호텔 등이 집중적으로 건설되어 있다.

설악동이 국립공원 초입의 관광 숙박 시설 지역으로 구역화되면서 설악동 소공원이 건설되고 권금산성으로 올라가는 케이블카 시설과 일반 관광객을 위한 제반 편의 시설이 집중적으로 건립되고 있다.

육담 폭포(六潭瀑布)

토왕성 계곡 초입에 들어서서 약 200미터를 올라가면 육담 폭포가 있다. 이 폭포는 담소가 6개로 이루어져 있어서 육담 폭포라

신흥사 설악동 소공원에서 500미터 떨어진 내원골 입구에 있는 이 사찰은 강원 북부 지역의 40여 사찰과 암자를 거느리고 있는 큰 절이다.(위)

향성사 5층석탑 신라 때 자장 율사가 당나라에서 가지고 온 사리를 봉안하여 건립한 석탑으로 원래는 9층탑이었다.(왼쪽)

달마봉 구름 사이로 우뚝 솟은 달마봉은 그 모양이 흡사 달마와 같다 하여 붙여진 이름이다.

한다. 폭포의 전면에는 높이 약 8미터, 폭 1.3미터, 길이 42미터의 조교(弔橋)가 가설되어 그 풍치가 가관이며 관광객의 탐승에 편리하게 되어 있다. 이 폭포는 비룡 폭포의 하류 폭포이다.

비룡 폭포(飛龍瀑布)

이 폭포는 토왕성 폭포 아래쪽에 있는 폭포로서 높이 약 30미터나 되며, 줄기차게 떨어지는 맑은 물은 금강산의 구룡 폭포와 흡사하고 험준한 산길을 올라 첫눈에 띄일 때에는 마치 용이 굽이쳐 석벽을 타고 하늘로 올라가는 것 같다고 하여 비룡 폭포라 한다.

토왕성 폭포(土旺城瀑布)

신흥사에서 동쪽으로 바라보면 높고 낮은 기암 괴석이 천길 만길 깎아 세운 듯하게 널려 있다. 이 봉우리들을 가리켜 석가봉(釋迦峰), 문주봉(文珠峰), 보현봉(普賢峰), 익적봉(翊滴峰), 노적봉(露積峰), 문필봉(文筆峰)이라 부른다. 이 사이로 토왕골을 흐르며 낙하하는 폭포가 토왕성 폭포이다. 비룡 폭포 위에 있는 거대한 2단의 연결된 폭포이고, 특히 엄동기에는 알피니스트의 빙벽 등반의 대상이 되기도 한다.

권금산성(權金山城)

신흥사 보제루에 올라 서남으로 바라보면 하늘 높이 우뚝 솟은 웅장한 봉을 권금성이라 한다. 곧 소공원에서 케이블카로 연결된 종점이 산성이다.

권금산성은 높이가 해발 860미터로서 산꼭대기에는 80여 칸이 넘는 넓은 반석이 있으며, 이 광장을 중심으로 산의 중허리엔 천여 칸의 산성이 있다. 이 산 중허리를 둘러싼 기이한 봉우리로 실료곡 방령대(失了谷放鈴臺)가 있다. 권금성 산장은 케이블카의 종점에서 좀 올라가서 있다.

돌로 쌓은 이 성의 축조 연대는 알 수 없으나 권(權), 김(金)의 양 장군이 난세를 피하기 위하여 축성하고 난을 피했다고 하나,

혼들바위와 계조암 의상 대사와 원효 대사가 수도를 계승했던 곳이라 하여 계조암이
라 이름했다고 하는 이 절 앞에는 그 유명한 혼들바위가 있다.

이름지었다고 한다. 이 암자 앞에 있는 혼들바위는 한 사람의 힘으
로도 혼들린다고 해서 유명하다.

미시령(彌矢嶺)

　미시령은 설악산 가장 북쪽 경계의 고개이다. 선바위, 도족소 등의
비경 지역이 있으며 남쪽으로 황철봉과 저항령 그리고 외설악의
공룡 능선과 연결된다. 북쪽의 여러 계곡을 끼고 새로 단장된 고개
로 신설악이라 할 수 있다.

내설악의 입구인 외가평을 지나 용대리에서 설악산의 북쪽길이 되는 미시령을 넘으면 외설악 척산 온천길이 나온다.

척산(尺山) 온천 휴양촌

동해를 낀 설악산은 바다와 산의 경승지이다. 척산에 온천이 용출해서 휴양촌이 조성되었다. 설악산에는 오색리 온천이나 설악 온천 등 남설악에 온천이 있고, 외설악에는 척산 온천이 새로운 명소로 등장했다. 더구나 미시령이 포장 개발되면서 북동쪽에서 설악산으로 갈 수 있는 기점이 되었다.

척산 온천은 알칼리성 온천으로 섭씨 46.8도의 온도를 갖고 용출되고 있다. 서울서 미시령을 경유하는 직행버스나 항공편으로 속초를 경유해서 척산 온천 휴양촌으로 갈 수 있다. 미시령 너머 국제 잼보리대회를 개최할 때 건설된 각종 숙박 시설과 콘도가 건립되었고 울산암의 동북면을 전망하면서 척산 온천길이 포장되어 있다.

설악동 소공원과도 인접해서 설악동을 이용치 않고 척산을 기점으로 해서 외설악에 들어갈 수 있게 되어 설악산 등산과 온천 휴양의 행락 관광으로 새로운 흥미를 주게 되었다.

천불동(千佛洞) 계곡 주변

와선대(臥仙臺)

천불동 계곡 첫머리에 있는 넓이가 약 1정보나 되는 반석으로 수림이 울창하고 기이한 산악으로 둘러싸여 가히 절경을 이루고 있다고 할 만하다.

이 대석(臺石)에서는 옛날 마고선(摩姑仙)이란 선인이 많은 다른 선인들과 더불어 바둑과 거문고를 타면서 산수의 아름다운 경치를 누워서 감상하던 곳이라 하여 와선대라 부른다. 왼쪽의 봉을 집선봉이라고 한다.

비선대 미륵봉

비선대(飛仙臺)

마고선이 와선대로부터 이곳에 와서 하늘로 올라간 곳이라 하여 비선대라 한다. 이 비선대는 풍치가 너무도 우아하여 와선대로부터 석계반석(石溪盤石)을 따라 올라가면 크고 작은 폭포가 잘 조화되어 그 아름다움은 금강산의 만폭동을 무색케 하는 설악산의 대표적인 명승지이다. 여기 오는 도중에 있는 왼쪽 능선이 화채 능선의 한 줄기인데 노적봉(露積峰), 집선봉(集仙峰)을 뚜렷하게 볼 수 있다.

유선대(遊仙臺)

천불동 계곡을 한눈에 바라볼 수 있는 곳으로 옛날 선녀들이 놀고 간 곳이라 해서 유선대라 불리고 있다. 가을 단풍을 비롯 겨울에는 소나무에 핀 설화(雪花)가 아름다워 설악산의 독특한 멋을 보여 주고 있다. 유선대는 천불동 계곡에서 마등령으로 오르는 중간의 명소이다.

금강굴(金剛窟)

비선대 앞에 하늘을 찌를 듯이 우뚝 솟은 돌봉우리가 있다. 이 돌봉우리를 석상이라고도 하며 미륵봉이라고도 한다(일명 장군봉으로도 부른다). 봉우리 허리에 큰 석굴이 있는데 이것을 가리켜 금강굴이라 한다. 지금은 철책과 철계단을 만들어 놓고 있다. 이 굴에 오르면 연대는 알 수 없으나 세상을 숨어 살기로 한 어떤 고승이 수도할 때 사용하였다는 유물이 있었는데, 지금은 없어졌지만 수년 전까지도 그 불상이 있었다. 금강굴은 천불동 계곡의 명소이고 마등령으로 가는 길목에 있다.

귀면암(鬼面岩)

천불동 계곡의 일대에 천태만상으로 늘어선 1,000여 개의 뾰족봉들은 마치 조각가의 작품처럼 제각기 예술미를 지니고 있다.

제멋대로 생긴 수많은 괴석 첩봉(怪石疊峰)은 어떻게 보면 사자 같고, 맹호 비슷한가 하면 늙은 스님이 염불하고 있는 모습처럼

금강굴 앞 우뚝 솟은 미륵봉의 중간쯤에 위치한 이 석굴은 천불동 계곡의 명소로 서 유명하다.

보여 주기도 하는 변화 무쌍한 광경을 이룬다.

귀면암은 천불동 중간 지점에 위치하고 있으며 귀신의 얼굴을 닮아 금강산의 귀면암 이름을 따와서 이렇게 부르는 것이다. 이곳을 것문당이라 부르고 그 안쪽에 들어가면 좌우에 우뚝 솟은 기암 괴석 이 마치 1,000여 개의 불상들이 정좌하고 있는 것처럼 보여 절에 들어선 것 같은 엄숙한 분위기를 만든다.

문주담(文珠潭)

비선대에서 천불동 계곡을 따라 약 1킬로미터 올라가면 아담한 담소가 있는데 항시 맑은 물이 고여 있다. 전해 오는 말에 의하면

귀면암 천불동 계곡에는 천태만상으로 늘어선 1,000여 개의 뾰족봉들이 많다. 귀신의 얼굴을 닮았다 해서 이름붙여진 귀면암은 주위의 불상을 닮은 바위들로 인해 마치 절에 들어선 것 같은 기분을 느끼게 한다.

조선 세조대왕 당시 문주보살이 이곳에서 목욕을 한 곳이라 하여 문주담이라 부른다고 한다.

오련 폭포(五連瀑布)

천불동 계곡 상부에 자리잡고 있는 폭포로서 협곡 사이에 5개로 연이어 있다고 해서 1955년 오련 폭포라고 이름지었다.

양폭과 음폭(陽瀑陰瀑)

천불동 계곡 오련 폭포를 지나 계곡이 좌우로 분류되는 지점에 자리잡고 있는 폭포로서, 우측에서 흐르는 폭포를 양폭이라고 하고 좌측에서 흐르는 폭포를 음폭이라고 불러 양음이 합쳐서 천불동 계곡을 이루었으며, 이 양폭 상단에는 천당 폭포가 있고 양폭 옆에는 양폭 산장이 있다.

천당 폭포(天堂瀑布)

양폭에서 약 200미터를 거슬러 올라가면 천불동 계곡의 상류에 마지막 아름다운 폭포가 있는데, 옛날에는 이곳이 아주 험준하여 보통 관광객은 도저히 관망할 수 없었으나 지금은 관광로 개설과 함께 약 15미터의 조교와 사다리가 여럿 놓여 있어, 모든 속세에서 고난을 겪고 살아오다가 이곳에 오르면 마치 천당에 이른 통쾌감을 느끼게 된다 하여 천당 폭포라 한다.

청봉(青峰)

정확히 해발 1,707.9미터의 대청봉은 설악산 정상이다. 동서남북 설악산 전체를 한눈에 볼 수 있는 설악산의 주봉인 것이다. 청봉은 대청봉과 소청봉(小青峰), 중청봉(中青峰, 1,676미터)으로 되어 있고, 사람에 따라서는 서북 능선 쪽에 따로 솟은 봉을 끝청봉으로 이름짓기도 한다.

이 대청봉을 중심으로 이름모를 고산 식물과 각종 야생 조류가 번식하고 있어 고산 생물 자료 조사에 매우 좋은 곳이다.

대, 중, 소청봉에는 각각 간이 대피소 시설이 있다. 또한 청봉에

문주담 조선시대 문주보살이 목욕을 했다고 하여 이름지어진 이 담소에는 항상 맑은
물이 고여 있다.

내설악

12선녀탕(十二仙女湯)

내설악을 가기 위해 외가평의 백담사 입구 못미처 남교리(嵐校里라고 한자로 써야 되며 南校里는 잘못 쓰여진 것임)에서 내려 북천(北川) 개울을 건너 남쪽으로 안산을 보고 들어가면 탕수동(湯水洞) 통수골이 된다. 안산에서 비롯한 이 골짜기는 약 8킬로미터에 걸쳐 폭포와 탕의 연속으로 구슬 같은 푸른 물이 갖은 변화 기교를 부리면서 흐르고 있다. 흔히 탕이 12개나 된다고 해서 12탕이라고도 하나 실제는 8탕밖에 없으며, 이 여덟 번째의 탕을 용탕(龍湯)이라고 부른다. 금강산에서도 볼 수 없는 자연의 조화, 수식(水蝕) 작용의 예술은 가을 단풍, 봄의 신록과 더불어 내설악의 한 구역을 따로이 아름답게 만들고 있다.

우선 남교리에서 40분쯤 이 탕수동을 올라가면서 처음에 보는 승소(僧沼)를 지나 칠음대(七音臺), 구선대(九仙臺)를 보고 응봉(鷹峰) 아래에 있는 응봉폭을 지나야 비로소 탕이 나온다. 이 첫째 탕이 독탕(甕湯)이고, 둘째가 북탕(梭湯), 셋째가 무지개탕(虹湯)이며 맨 위의 용탕(龍湯)까지 8탕 8폭을 볼 수 있는데, 사람들은 흔히 12선녀탕이라고 부른다.

한계사(寒溪寺)와 오열탄(嗚咽灘)

지금의 백담사 전신인, 창건 당시 한계사는 1300여 년 전에 하늘 벽을 지나 장수대 가까운 부근이 옛절터였다고 한다. 지금은 폐허가 되어 축석만 남아 있다.

한계령에서 서쪽 자양전으로 흘러 인제군으로 빠져 북한강 상류를 만드는 이 한계천은 장수대 앞을 흐르고 있는데, 이곳을 옛날의 방랑 시인 매월당(梅月堂) 김시습(金時習)은 오열탄이라고 부르면서

구곡담 쌍폭 우리나라 유일의 Y자형으로 떨어지는 폭포로 우뢰와 같은 폭음과 진주
같은 물방울로 장관을 이룬다.

12선녀탕 가운데 복숭아탕 설악산 12선녀탕은 자연과의 조화, 수식(水蝕) 작용의 예술로 어느 산에서도 볼 수 없는 아름다운 경관을 자랑하는 곳이다. 12탕이라는 이름과는 달리 실제는 8탕 8폭을 거느리고 있다.

"목메어 우는 한계의 물아, 빈산을 밤낮 흐르나"라고 읊었다고 한다. 한계리에서 북쪽으로 한계고성(寒溪古城)이라고 부르는 돌담이 성 모양으로 쌓인 곳이 있는데 바로 옥녀탕 지나 북쪽에 자리잡고 있다. 이 고성은 고려 말에 쌓은 것이 아닌가 싶다고 노산 선생의 「설악행각」에 기록되어 있다. 한계고성 너머 삼각봉(三角峰)의 경치는 장수대 부근의 묘경으로 삼고 있다.

옥녀탕(玉女盪)

한계리에서 장수대 가는 길을 잡으면 한계성 아래로 개울 따라 옥녀탕이 보인다. 옥류(玉流)라고도 부르는 옥녀탕은 이 옥녀탕과는 다른 것이다. 옥녀탕 위에는 2단 폭포가 있는데 위로 두 번 꺾인 작은 폭포와 아래로 한 번 꺾인 긴 폭포가 있어서 아래 것을 흔히 옥녀폭이라고도 부르나 폭포 밑의 탕이 탕수동의 여러 탕 모양과 같다고 해서 옥녀탕이라고 한다. 옥녀폭이 있는 산을 옥녀봉이라 부르고 있는데, 용아장성의 옥녀봉과는 다르다. 이 옥녀탕은 하늘 사람인 옥녀가 목욕한 곳이라는 전설이 있다.

하늘벽

옥녀탕을 지나 장수대 쪽으로 조금 가면 오른편에 하늘벽이라 부르는 큰 바위 벼랑이 있다. 원래는 학이 깃들고 있었다고 학서암(鶴棲巖)이라고도 불렀는데 독사란 놈이 학을 해치려다가 마침 벼락이 떨어져 천벌을 받았다고 하는 흔적을 지금도 볼 수 있다. 그래서 하늘벽인지 또는 하늘까지 잇닿은 백길, 천길의 큰 바위이기 때문에 하늘벽이라 불렀는지 알 수 없다.

미륵봉

하늘벽 길 건너 대승폭골 못미처에 가느다란 계류가 있다. 이

하늘벽의 수목 단애를 이룬 단일 암석으로는 우리나라에서 제일 큰 바위벽이며 수목
과 어우러져 무서움마저 느끼게 한다.

계곡을 석황사골이라 부른다.

　폐허가 된 옛 석황사 터 상류의 미륵봉과 이 계류 중단부는 설악
산의 비경으로 되어 있다. 이 계곡의 상류 상단부는 내설악 12선녀
탕수골의 능선과 부닥친다.

대승 폭포 우리나라 3대 폭포 가운데 하나인 이 폭포는
천지를 진동하는 굉음으로 낙하하는 긴 물기둥이 사람을
압도한다.(위)
소승 폭포 대승 폭포에 대칭되는 말이지만 서로 무슨 연관
된 전설은 없다.(왼쪽)

장수대(將帥臺)

한계천 따라 자양전(紫陽田)으로 가는 도중에 하늘벽이라 새겨 놓은 큰 바위 벼랑을 구경하고 지나면 노송이 우거진 솔숲 속에 오열탄을 마주하고, 옛 한계사 자리에서 좀 떨어진 남쪽에 1953년 국군이 설악산을 수복하자 그 뒤 1958년에 큰 한옥의 집을 짓고 이를 장수대라 불렀다. 지금은 원통에서 장수대 거쳐 대승폭, 대승령 으로 해서 내설악의 수렴동으로 가는 등산 코스의 기점으로 숙박 시설이 되어 있다. 여기서 오른쪽 계곡이 대승폭, 대승령길이 된다. 한계령길이 뚫려 포장되었고 한계천 상류는 자양천으로 부른다.

대승 폭포(大勝瀑布)

이 폭포는 개성(開城)의 박연 폭포, 금강산의 구룡 폭포와 더불어 우리나라 3대 폭포 가운데 하나로 꼽히는 이름있는 폭포이다. 숲이 우거진 높은 단 위에서 오색 무지개를 만들고 물보라를 날리며 떨어 지는 모습은 서쪽의 안산과 한계천 건너 가리봉과 어울려 사철을 두고 특이한 풍치를 보여 주고 있다. 더욱이 이 폭포 아래 하류인 사중폭(四重瀑)은 또 색다른 멋을 풍겨 준다. 옛날에는 한계 폭포라 고도 불렀다 하며 폭포 위에 대승암이라는 절이 있었다고 한다.

대승령(大勝嶺)

대승폭에서 북쪽으로 작은 계곡을 왼쪽으로 끼고 참나무가 우거 진 숲길을 뚫고 한 시간쯤 가면 설악산 서북 능선에서 유일한 고개 가 되는 길과 서북주릉으로 가는 길 그리고 대승골 곧 흑선동 계곡 길 따라 백담사나 영시암 터가 있는 수렴동으로 가는 길이 된다. 이 대승령은 한계리, 자양전 쪽에서 내설악으로 가는 첫 능선 고개 인 것이다. 대승골에는 구유소(槽湫)가 있으며 심산 유곡(深山幽谷)의 느낌을 준다.

한계령(寒溪嶺)

설악산 남쪽에서 내설악과 외설악의 경계가 되는 지점이고 이 산마루가 인제, 양양의 경계이기도 하다. 옛기록에는 오색령(五色嶺)이라고도 불렀다 한다. 또한 옛날에는 설악으로 가는 길은, 꼭 이 한계령 마루터기를 넘어 오색약수리를 지나 신흥사로 돌아갔다고 한다. 소승 폭포가 도중에 있다.

한계령 마루터기에 휴게소가 있고 여기서의 남설악 오색리 쪽 절경이 전망된다.

한계령에서 본 남설악 전경

도둑바윗골 서북 능선의 계곡 가운데 독특한 산수미를 자랑하는 대표적인 곳이다.

서북 능선의 남쪽 계곡들

서북 능선에서 남쪽으로 흐르는 계곡과 경관은 독특한 산수미를 보여 주고 있다. 한계령에서부터 도둑바윗골, 소승폭골, 상투바윗골, 장군바윗골, 선바윗골 그리고 대승령이 발원지가 되는 대승폭골 등 바위 모습이나 폭포 이름을 본뜬 숲길 계곡이 흐르며 자양천에 합류해서 한계천으로 이어진다. 그 하나하나가 비경이고 기암 괴석들로 아직도 명명되지 않은 절경들이 산재하고 있다. 이 지역을 남설악에 포함시키기도 한다.

백담사(百潭寺)

서기 647년(신라 진덕여왕 1) 자장 율사가 창건하여 한계사라 하였다. 690년(신문왕 10)에 소실되어 719년(성덕왕 18)에 중창되었으나 785년(원성왕 1) 다시 소실되어 5년 뒤 이 절의 승려였던 종연(宗演), 광학(廣學), 각형(覺炯), 영조(靈照), 법찰(法察), 운흡(雲洽) 등이 이곳을 떠나 30리 되는 곳에 새로 절을 짓고 운흥사(雲興寺)라 하였다. 987년(성종 6)에 또다시 소실되어 승려 동훈(洞薰), 준희(俊熙) 등이 북쪽 60리에 옮겨 짓고 심원사(深源寺)라 하였다.

1431년(세종 14)에 다시 소실되어 2년 뒤 승려인 해섬, 취웅 등이 아래로 30리 내려가 다시 짓고 선귀사(旋歸寺)라 했으나 다시 소실, 서쪽 한 마장(里) 가량 나가 영취사(靈鷲寺)를 세웠다. 그러나 1456년(세조 1) 다시 소실되어 이듬해 재익(載益), 재화(載和), 신열(愼悅) 등 승려들이 옛터의 상류 20리에 다시 짓고 백담사라 하였다.

1772년(영조 48)에 다시 소실되어 3년 뒤 최붕(最鵬), 대현(大賢) 등이 다시 짓고 심원사(尋源寺)라 하였다. 1783년(정조 7) 다시 백담사라 개명하였고 1915년의 화재로 160여 칸의 전각이 소실되었다. 4년 뒤 오세암의 인공(印空) 선사가 중건하였으나 6·25 동란 때 전부 소실되어 1957년에 다시 세운 것이다.

내설악에서의 주사찰인 백담사가 창연한 옛 모습이 없음은 섭섭한 일이다. 오랜 역사를 가진 이 절의 이름도 여러 번 바뀌었고 이사도 많이 한 절로는 우리나라에서 첫손 꼽히는 사찰이다. 아무튼 이 절은 내설악으로 가는 길의 첫 문턱으로 외설악의 신흥사와 아주 대조적이다. 유명한 만해 한용운이 민족 수난의 통분을 달래며 이곳에서 지내기도 하였다. 더욱이 현대사의 한 토막인 전직 대통령이 은둔의 생활터를 백담사로 잡았기에 또 다른 명소로도 알려졌다.

백담 계곡 십자소 기묘한 계곡의 바위와 곡류를 완상하기에 좋은 이 계곡에는 천연기
념물인 열목어가 서식하고 있다.

길골(路洞)

외가평(용대리)에서 백담사까지 가려면 용대 1교, 2교, 백담 3교, 강교 등 다리를 넷 지나 백담사에 이른다. 백담사에서 좀 가면 오른쪽이 대승골이고(흔히 흑선동 계곡), 왼쪽이 노동골 또는 길골이라고 하는 큰 계곡이 된다. 가운데의 큰 계곡이 수렴동으로 향하는 큰 계류이다. 이 길골의 계류는 아직도 비경으로 되어 있는 계곡인데 상류는 늘목령으로 빠지는 길목이 된다.

대승골(大勝谷, 일명 흑선동 계곡)

백담사에서 수렴동으로 가는 도중에 노동골이라는 길골 반대쪽인 남쪽으로 곧 대승령으로 가는 깊은 계곡을 대승골이라고 한다. 대승령에서 남으로 흐르며 대승폭이 있는 계곡은 따로 대승폭골이라고 부르며 북으로 흐르는 대승골 계류는 백담 계곡과 합류한다. 흔히들 흑선동 계곡(黑仙洞溪谷)이라고 하는데 그 이름의 유래가 분명치 않다. 이 계곡 중턱에는 유명한 구유소가 있고 등산로가 되어 있는데 설악산 서북 능선을 끼고 한계천으로 가는 곧 대승폭골로 넘게 되는 횡단로 분수령이기도 하다.

귀때기청봉과 축성암(祝聖庵)

수렴동으로 가다가 영시암 터 못미처 큰귀때기골이 남쪽 서북 능선에서 북으로 흐르고 있다. 그 상류는 귀때기청봉이라는 1,578미터의 설악산 서북 능선에서 가장 높은 봉이 있는데 여기서 계류가 비롯되고 그 아래에 축성암이란 작은 암자가 있다. 동란 뒤에 새로이 생긴 암자인 듯하나 절 뒤의 감투봉이 특이하고, 작은귀때기골의 숨은 폭포가 글자 그대로 비경의 풍치를 돋구어 준다.

이 귀때기골은 오른쪽을 큰귀때기골이라 부르고 상류에는 이름없는 폭포들이 있고 쉰길 폭포로 부르는 폭포가 유난히 비경 속의 절경으로 알려지고 있다. 왼쪽의 작은귀때기골이 하류에서 큰귀때기골과 합류하고 있으며 한때 축석암골이라 부르기도 했다.

영시암 터(永失庵趾)

1648년(인조 26)에 창건했다. 1689년(숙종 15) 삼연(三淵) 김창흡(金昌翕)은 그 아버지 김수항(金壽恒)이 기사환국(己巳換局)에 죽음을 당하자, 국내 명산 대천에서 은둔 생활을 했었다. 이곳 암자에 이르러 영원히 세상과 인연을 끊는다는 뜻으로 영시(永失)라 이름짓고 머물렀다 한다.「영시암기(永失庵記)」에 의하면, 김창흡이 이곳에 머문 지 6년이 지난 어느날 이 암자 뒤 골짜기에서 찬모가 범에 물려간 일이 있어 김창흡은 그 인정을 생각하고 이곳을 떠나 수청산(壽靑山)으로 가고 말았다고 한다. 그래서 이곳을 호식동(虎食洞)이라 부른다. 1691년 설정 선사(雪淨禪師)가 가시덤불 속에 묻힌 이 암자를 민망히 여겨 여러 대신들과 강원도 관찰사, 그 밖에 삼연의 덕을 사모하는 모든 선비들과 중들에게서 재물을 거두어 암자를 다시 짓고 불상을 모셨다. 그때 법당이 24칸, 비각이 1칸이었다. 1925년 기호 스님이 중수했다가 동란 때 소실되었다. 이 부근 남쪽에 조원봉(朝元峰)이 보이고 서쪽으로는 청룡봉(靑龍峰)이 보인다.

수렴동(水簾洞) 계곡

설악산 주봉인 대청봉에서 용아장성을 끼고 두 갈래의 계곡을 이루는데, 하나는 가야동 계곡이고 또 하나는 구곡담 계곡이다. 이 두 골짜기는 옥녀봉(玉女峰) 아래 천왕문(天王門) 거북못(龜潭)에서 합쳐져 백담사 앞을 흘러 다시 초대동에서 외가평 용대리까지 흐르고 있다.

수렴동 계곡은 영시암 터 앞 골짜기에서 쌍폭까지의 계곡을 총칭

해서 부르는데 수렴동 계곡의 상류가 구곡담 계곡, 하류는 백담 계곡이 된다. 수렴동 계곡 양쪽의 기암 절벽과 우거진 숲 그리고 산새 소리는 내설악 일품의 절경이고 계곡미의 여왕이라고 할 정도로 기묘하다. 수없는 소와 탕, 담, 폭포를 만들고 은은하고도 맑은 기풍을 자랑하는 이 수렴동은 외설악이 천불동 계곡으로 대표되듯, 내설악을 대표하는 계곡이며 그 유명한 쌍룡 폭포도 여기에 있다. 이 수렴동의 첫 못이 거북못에서 시작된다. 계류가 밭같이 넓게 그리고 시원하게 흐른다고 해서 붙인 이름이다.

백운동 계곡(白雲洞溪谷)

수렴동 계곡에서 쌍폭에 이르기 전에 왼쪽으로 용아장성의 옥녀봉과 칠형제봉을 끼고 용담폭(龍潭瀑)이 있다. 이 용담에서 남쪽으로 귀때기청봉이 있는 귀때기골, 한계령 능선과 서북 주능선이 마주치는 골짜기를 백운동 계곡이라고 하는데 곡백운(曲白雲 ; 굽은 백운), 직백운(直白雲 ; 곧은 백운), 제단골(祭壇谷) 등 세 갈래의 계류에는 이름모를 담폭이 수없이 있는 비곡(秘谷)이고, 왼쪽 상류를 쌍폭동이라고 한다. 또한 백운동 계곡은 서북 능선에서 시발하여 북으로 흐르며 구곡담 계곡의 상류가 된다. 길이 험해서 백운동 계곡의 신비스런 비경이 또한 내설악의 유곡(幽谷)으로 이름이 높다. 왼쪽에는 흔히 구곡담의 상류가 되는 쌍폭동이 있다.

구곡담(九曲潭)과 봉정골(鳳頂谷)

쌍룡폭 가운데 왼편인 암폭(雌瀑) 곧 여폭을 지난 상류를 봉정암으로 가는 봉정골이라 한다. 흔히 구곡담이라고도 하는데 9개의 담못 가운데에서는 첫째 것이 방원폭(方圓瀑)이다. 네 번째에 있는 담을 지나서 왼편에 있는 사자암(獅子岩)이 유명하고 맨 끝에 있는 제9담, 오른편 큰 바윗돌 층계를 백담대라고 한다.

구곡담 계곡　9개의 담못이 있는 구곡담은 일명 봉정골이라고도 한다

쌍룡폭(雙龍瀑)

수렴동 계곡을 따라가면 영시암 터 지나 왼쪽이 가야동 계곡이고, 오른쪽의 수렴동 구곡담 계곡 상류로 가면 Y자형으로 떨어지는 우리나라 유일의 쌍폭을 볼 수 있다. 흔히 쌍폭이라고 하나 원래는 쌍룡폭이다.

이 폭포는 증손격인 용손폭(龍孫瀑)과 용자폭(龍子瀑)을 거느리고 있고, 봉정골의 구곡담과 청봉골의 12폭의 양 계류가 합쳐지는 Y자형 폭포이다. 우뢰와 같은 폭음과 진주 같은 물방울이 어울려 조화를 이루는 장관은 또한 내설악의 명승으로 이름이 높다.

여기를 지나면 봉정암 가는 가파른 길이 나온다. 청봉골 12폭의 쌍폭동(雙瀑洞)은 오른쪽이고 봉정골인 구곡담은 왼쪽에 있다. 쌍룡폭은 150척이나 되는 오른쪽 것을 남자폭(男瀑) 곧 청봉골에서 떨어지는 것이 남자 폭포요, 왼쪽 것은 70척인데 여자폭(女瀑)으로 치기도 한다.

청봉골 12폭(十二瀑)

쌍룡폭 가운데 오른쪽 웅폭(雄瀑)을 넘어서면 청봉 가는 골짜기인 청봉골 또는 청봉곡이 된다. 내설악에서 계곡 끼고 청봉에 올라가는 마지막 골짜기이다. 이 청봉골을 흔히 12폭이라고 하는데 성창산(成昌山)의 「동국 명산기」에는 폭포가 열둘이나 된다고 했다는 데서 이렇게 부르게 되었다.

봉정암(鳳頂庵)

643년(신라 선덕여왕 12) 자장 율사가 창건하였다. 1226년(고려 고종 13년) 보조 국사가 중수하고 1518년(조선 중종 13년) 다시 중수, 그 뒤 1632년(인조 10년) 설정(雪浄) 스님이 중건하였다.

우리나라에서 가장 높은 곳에 있는 암자이며, 사리탑은 '봉정암기'에 자장 율사가 당나라에서 부처의 사리를 얻어 북쪽 석대에 7층탑을 세워 그것을 봉안하여 암자를 지었다고 하나, 다른 기록과 비교하면 좀 믿기 어렵다.

암자를 한복판에 두고 암자 오른편 동쪽에서부터 솟은 암봉이 기린봉(麒麟峰), 할미봉, 범바위들이고, 북쪽에 있는 암봉이 독성나한봉(獨聖羅漢峰), 지장봉(地藏峰), 가섭봉(迦葉峰), 아난봉 그리고 그 가운데에서 제일 큰 암봉을 석가봉(釋迦峰)이라 부른다. 이 봉 앞에는 사리탑이 있다. 봉정암에서 오세암 가는 첫길은 용아장성릉을 넘어 다시 봉황령(鳳凰嶺)을 넘고 가야동 계곡으로 들어가면서 와룡연(臥龍淵)을 보게 된다.

가야동(伽倻洞) 계곡

백담사에서 영시암 터를 거쳐 원명 암자가 있던 옛터를 지나면 수렴동 계곡 초입이 된다. 조금 더 가면 계곡이 둘로 갈라져 흐르는 곳에 수렴동 대피소가 있다. 이 대피소 왼쪽 골짜기를 가야동 계곡이라고 부른다. 곧 옛 천왕문(天王門)에서 왼쪽에 있는 계곡이다. 이 계곡이 또한 내설악에서 이름있는 명승지이고, 봉정암에서 내려가자면 오세암길로 약 40분쯤 가다 보면 와룡연이라는 여울이 나온다. 여기가 봉정암이나 오세암에서 가야동으로 내려가는 첫문이 된다. 와룡연과 천왕문 사이의 계곡이 가야동 계곡의 절경이고 천왕문과 그 속에 숨어서 떨어지는 천왕폭이 명승으로 으뜸이다.

이 밖에도 북쪽에 보이는 공룡 능선의 기괴한 암벽과 남으로 보이는 용아장성의 희고 장엄한 연봉 줄기 사이를 흐르는 가야동 계곡은 산수의 절경으로 이름이 높다. 이 가야동 상류 너머에 희운각(喜雲閣) 산장이 있다. 곧 내설악에서 외설악 천불동으로 횡단하는 코스가 되고 청봉으론 희운각에서 소청봉으로 올라 대청봉으로 가거나 그대로 가파른 대청길을 오르기도 한다(57쪽 지도 참조).

봉정암 봉바위 아래 있어서 봉정암이라 이름지어진 이 암자는 우리나라에서 가장 높은 곳에 위치한 암자이며, 그 뒤로 봉정 산장과 주위에 많은 봉우리들이 있다.

오세암(五歲庵)

이 암자 역시 신라 선덕여왕 12년 곧 643년에 자장 율사가 창건하여 원래 관음암이라 불렀다. 그 뒤 조선시대 인조 21년(1643)에 설정 선사가 이 관음암을 중건하여 오세암이라 하였다. 1888년 고종 25년에 백하(白下) 스님이 중건하였으나 동란 때 소실하였고 지금은 다시 재건중이다. 다만 옛날의 물터는 그대로 모습을 보존하고 있다.

오세암

이 절에 대한 이름과 전설은 재미있는 것이 많은데 그 가운데 흥미로운 것은, 단종(端宗)이 물러나고 매월당 김시습이 미친 시인이 되어 남북 강산을 두루 다닐 때 이 설악에 들어와 오세암에 머무르면서 원래 그의 별칭인 '오세신동(五歲神童)' 그대로 부른 것이 아닌가도 생각된다고 노산의 「설악행각」에 씌어 있다. 그러니까 매월당이 이 절을 다녀간 뒤인 150년 뒤에나 '오세암'이라고 한 것을 보면, 이름은 바로 매월당의 별호를 딴 것이며 전설과도 상통하지 않느냐고도 한다. 아무튼 그때까지는 관음암이었고 매월당이 돌아간 뒤에 오세암이 된 것도 흥미롭다.

이 오세암 오른편에 높이 922미터나 되는 만경대 위에서 보는 경치는 절경이며 왼편의 기룡대(起龍臺) 또한 산수의 묘를 보여 준다. 이 밖에도 오세암 지붕 뒤로 보이는 관음봉(觀音峰)과 동자봉(童子峰)이 심산 유곡의 느낌을 준다. 노산의 「설악행각」에서 오세암의 밤을 읊은 시를 소개하면,

깊은 산 가을 밤에
빗소리 구슬프다.
저 스님 무슨 생각에
눈을 감고 앉았는고.
나도 따라 눈감고 앉아
빗소리를 들어본다.
빗소리 눈감고 듣지 말게
가슴 젖어 드느니.

옥녀봉 대청봉에서 시작한 용아장성릉은 구곡담을 끼고 우뚝 솟은 흰 빛의 옥녀봉에서 마무리된다.

용아장성릉(龍牙長城稜)과 옥녀봉(玉女峰)

용아장성릉은 설악산 청봉에서 중청봉으로 뻗쳐 봉정암 옆을 지나면 일명 봉황령(鳳凰嶺)이 되고 다시 북으로 가야동, 남으로 수렴동, 구곡담을 끼고 우뚝 솟은 흰 빛의 연봉이 옥녀봉까지 뻗치고 있다. 용의 치아 모양 같은 연봉(連峰)이라고 해서 이렇게 이름지어진 것인데 이 연봉 속에는 옥녀봉말고도 무수한 암봉과 봉정암 옆의 여러 기암 독립봉이 절벽을 만들어 장성(長城) 모양 같은 기관(奇觀)을 이룬다. 그 독립봉 하나하나에 이름은 아직 명명되고 있지 않다.

외설악의 공룡 능선과 내설악의 이 용아장성릉은 험난하기로도 으뜸이고 기암 연봉의 장관도 아주 비등한 특징들을 가지고 있다.

청봉(靑峰) 이름

옛기록인 설화산인 무진자(雪華山人 無盡子)란 사람이 쓴 「오세암 사적기(五歲庵事蹟記)」에는 설악산의 주봉을 청봉이라 부르지 않고 봉정(鳳頂)이라 썼다. 그러나 창산 성해응(昌山 成海應)의 「동국명산기」에는 청봉이라 쓰고 있어서 지금까지 청봉이니 중청봉이니 소청봉이니 하고 부른다. 외설악에서 보면 산정인 묏부리가 2개로 보여 대청, 소청, 이렇게 불렀는데 언제부터인지 대청, 중청으로 부르게 되고, 내설악에서 보는 또 하나의 작은 봉이 있어서 이것을 소청봉이라고 불렀다. 아무튼 그러고 보면 설악산 정상봉은 대청, 중청, 소청 그리고 사람에 따라 끝청 이렇게 4개의 봉이 있는 셈인데 그 이름의 유래에 대한 확실한 기록이 없이 위와 같이 불리고 있다. 마등령에서 보게 되는 청봉은 쌍봉같이 보인다.

남설악

남설악이란 이름은 1969년 저자가 실지 조사를 할 때 편의상 구분해 보았던 것이다.

원통에서 장수대를 지나 한계령을 넘고 오색약수리에서 남대천을 끼고 양양으로 가는 고전(古典) 한계령 설악산길을 닦아 새로운 도로로 확장 준공시켰다. 이 도로를 경계로 해서 남쪽 일대와 일부 서북릉 남면을 포함한 주변을 남설악이라 말하기도 한다. 여기에는 장수대를 비롯해서 삼형제봉(三兄弟峯, 1,225미터), 주걱봉, 가리봉을 끼고 흐르는 어은골, 음폭골, 느아우골, 건천골, 필례골의 비경들이 있고 한계령 너머에서 오색약수리 사이의 남쪽으로 전망되는 남설악 오색 주변의 12폭과 선녀폭, 여신폭, 치마 폭포, 용소폭, 망경대, 만물상(萬物相), 칠형제봉, 옥녀폭 등과 옛 엽전을 주조했다는 주전골 등의 경승이 있다.

가리봉(加里峯, 1,518미터)

장수대에서 한계천 너머 남쪽으로 가장 높은 산봉이 있는데 이것이 가리봉이다. 흔히 설악의 맛터호른이라고 산악인들이 부르기도 하나 그것은 주걱봉을 가리키는 말이다. 대승폭 어깨에서 만폭의 소리를 들으며 가리봉 능선을 보는 경치는 장엄하며 고산의 멋을 풍겨 준다. 이 날카로운 주걱봉말고도 삼형제봉이 나란히 솟아 있음을 볼 수 있다.

오색약수

한계령 산록에는 오색약수란 유명한 약수터가 있다. 물의 양이 일정하고, 위장병에 특효가 있는 탄산수(炭酸水)이며 좌우의 계곡과 심산 절경이 수려하여 남설악 오색리 명소로 알려졌다. 근처의 성국

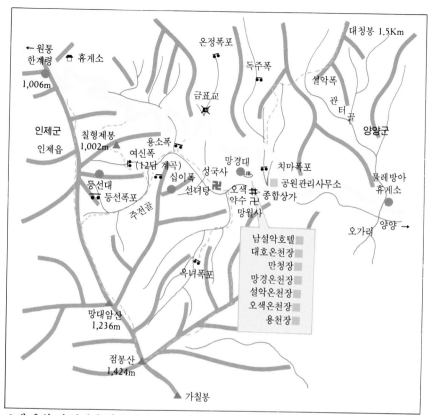

오색 온천 및 남설악 관광 안내

사 뜰에 있는 한 괴목(怪木)에서 다섯 가지 색의 꽃이 핀다고 하여
오색약수라 했다고 하며 또는 골짜기 일대에 오색 무지개가 뻗쳤기
에 누군가가 가 보았더니 약효가 있는 희한한 샘물이 있어 이름지은
것이란 말도 있다.

오색리는 유명한 약수와 더불어 대청봉으로 오르는 등산 코스의

남설악 가리봉(왼쪽)과 주겨봉(오른쪽) 장수대에서 한계천 너머 남쪽에 있는 높은 산봉우리인 가리봉은 장엄하며 고산의 멋을 짙게 풍기는 곳으로 옆의 주겨봉과 어깨를 나란히 하고 있다.

기점이 된다.

점봉산(點鳳山, 1,424미터) 주변과 가칠봉(加漆峯, 1,295미터)

남설악 남쪽으로 점봉산과 가칠봉이 설악산 국립공원에 새롭게 포함되었다. 오색약수터를 기점으로 하는 일대 명승과 주전골 일명 12담 계곡을 거쳐 한계령 주능선의 망대암산(1,236미터)을 지나면 점봉산 주봉과 만날 수 있다. 점봉산 남쪽으로 가칠봉이 솟아 있으며 태백산맥의 주능선과 연결된다.

성국사에서 옥녀폭포 계곡을 따라 올라가면 고래골이 있으나 사면이 급경사이고 밀림이어서 등산로가 없다. 점봉산 일대의 숲은 한계령 넘어 서쪽의 가리봉과 주걱봉 남쪽 계류의 비경으로 이어져 남설악의 또 다른 명승이라 할 수 있다.

대목령과 연밭골

가리봉 남쪽 가리산리로 합쳐지는 여러 계류와 계곡은 아직도 잘 알려져 있지 않는 비경 지대로 되어 있다. 가리봉 남쪽에 솟은 1,333미터의 무명봉 주변은 한적한 명소이다.

서북 능선 남쪽 주변

대승폭골의 동북쪽 장군바위와 장군바윗골, 상투바위와 그 계곡 독주폭과 독주골 그리고 오색리에서 대청봉으로 오르는 중턱이 설악 폭포, 마산골의 백암 폭포 등은 구역상으로 내설악에 포함시키기보다 남설악 경승으로 포함되어야 할 것이다.

이 지역은 내설악의 수렴동 계곡과 외설악의 천불동이 너무나 알려져서 일반의 주목에서 벗어난 곳으로 앞으로 설악 경관으로 흥미를 줄 것이 틀림없다. 장수대에서 한계령 그리고 오색리로 이르는 도로 주변의 숨겨진 경관은 장차 더욱 알려질 것으로 기대된다.

설악산 특유의 동식물과 전설

동식물

눈잣나무 군락

중청봉과 대청봉 사이 1,680미터 부근의 넓은 면적에 군락하고 있다. 가지가 모두 남쪽을 향하고 있는 것이 특색이고, 사람 허리 정도의 크기로 땅에 포복하듯이 자라고 있다. 포복성이기 때문에 사람들이 밟기 쉬우므로 통로말고는 사람들이 들어가지 않아야 잘 보존될 수 있다.

털진달래 군락(Rhododendron mucronu latum)

관목이고 봄철에 중청봉 서쪽 1,700미터 부근에 대군락을 이루고, 특히 5월 초 석양에 비친 광경은 붉은 수해(樹海)라고 할 수 있을 정도로 온산을 덮고, 그 사이에 노란만병초(黃石南花) 등이 섞여 일대 경관을 이룬다.

노랑제비꽃

솜다리

금강초롱

금낭화

산오이풀

찝빵나무 군락(Thuja Koraiensis)

신엽수로서 흰 분가루가 잎사귀 뒤에 덮여 있고, 휘발성의 향기를 갖고 있어서 손으로 문질러도 향기가 진동한다. 쌍룡폭의 서쪽, 천불동 계곡의 양쪽, 대청봉의 남쪽에서 군락하고 있다. 줄기가 포복성이기 때문에 멀리서 보면 측백나무 같기도 하다.

눈향나무(Juniperus chinensis)

대청봉 서남쪽, 오색약수리의 여러 계곡에서 자라고 있다. 이 밖에도 저항령(늘목령)에 있는 전나무, 졸참나무, 까치박달 등의 거목이 있고, 황철나무가 군락한다. 천불동 계곡에는 서나무의 군락과 대청봉 남쪽의 사스레나무와 분비나무의 군락은 아름답고 잘 보호되어 있다. 이렇듯 설악산에는 총 8종의 식물 군락이 있다.

고산 식물

대체로 1,700미터 이상의 소청봉, 중청봉, 대청봉 부근에서 자라고 바람꽃, 범의꼬리, 가는다리장구채, 좀양지꽃, 산오이풀, 제비꽃, 바위송이, 금강초롱, 솜다리(에델바이스), 금낭화 등 고산 식물만이 아니고 희귀한 식물이 번식하고 있어 철 따라 등산하는 사람들에게 아름다운 경치를 보여 준다.

이 밖에 희귀 식물로는 백작약 등 총 49종이 있고, 특산 식물 총 64종, 일반종 693종이 있다고 조사 보고되고 있다.

동물이나 육수 생물로서는 크낙새, 산양, 사향노루, 하늘다람쥐, 딱따구리, 몰두꺼비, 반달가슴곰을 볼 수 있다고 하며 특히 칠성장어, 열목어는 보호되어야 할 동물이다. 이와 같은 학술적으로도 큰 가치가 있는 자연 보호 지역은 등산하는 사람들이 합심해서 이를 가꾸고 보살펴야 한다. 기타 조사 보고된 설악산의 동물은 포유류 35종, 조류 62종, 파충류 11종, 양서류 10종, 기타 1,360여 종에

함박꽃나무

이르고 있다.

　어느 산에서도 볼 수는 있겠으나 설악산에서는 이러한 동식물의
생태상과 경관들이 10월 초의 단풍과 명승들과 어울려서 다시 없는
가을 경치를 보여 준다. 또한 이른 봄 중청봉 가는 산속에서는 후박
꽃과 라일락의 향기가 아늑한 봄의 향취와 더불어 더욱 아름다움을
돋구어 주고 있다. 최근에 발견된 월귤과 같은 나무는 우리들 손으
로 잘 보호되어 변함없는 명승지로서 다듬어질 것을 서로가 다짐해
야 할 것이다.

설악산의 전설

오세암

어느날 설정 스님은 꿈을 꾸었다. 그 꿈에 관세음보살이 자꾸 흔들어 깨우면서 고향으로 돌아가라고 했다. 고향, 그곳은 설정에 게 아득한 이야기처럼 들렸다. 떠나온 지 벌써 30년이나 되는 고향, 그 고향으로 돌아가라고 관세음보살은 말하는 것이다. 그래 서 그는 고향으로 돌아갔다. 어찌된 영문일까? 그가 찾은 고향은 쑥대밭으로 변해 있었다. 그의 옛집으로 생각되는 곳을 찾아보았 으나 잡초만이 무성할 뿐이었다. 아마도 관세음보살은 이 덧없는 풍경 속에서 어리석음을 깨우치라고 한 것일까? 이런 생각을 하고 있는데 누군가가 혼잣말처럼 중얼거리는 소리가 들렸다 "시주를 얻으러 오신 모양인데 잘못 오셨소이다" 아랫 마을에 산다는 그 노인은 얼마 전 이 마을에 이름모를 병이 돌아 떼죽음 을 당했는데 그 병속에서도 세 살밖에 안 된 사내아이가 살아 남았다고 했다. 알고 보니 설정 스님의 조카뻘 되는 아이였다. 그는 그 아이를 데리고 절로 돌아왔다. 아이는 씩씩하게 자랐 다. 벌써 염불도 외게 되고, 어느날은 법당 안에 들어가 무릎을 꿇고 절도 했었다. 그러는 사이에 그 아이의 나이가 다섯 살이 되었다.

그해 가을 만산이 단풍으로 붉게 물들었다 싶더니 어느새 바람 에 날려 나뭇잎이 모두 떨어져 갔다. 설정은 겨울 식량을 준비할 셈으로 산을 넘어 양양으로 향했다. 양양에 도착했을 때는 이미 저녁이었다. 그날 밤엔 눈이 내려 설화를 만들었다. 그 다음날도 그 다음날도 설악산엔 눈이 내려 모든 길은 막히고 사람들은 눈속 의 집안에 갇히게 되었다. 설정은 조카가 걱정이 되어서 몇 번이고 길을 떠나려 했으나 마을 사람들이 말리는 것이었다. 설정은 걱정이 지나쳐서 앓아 눕게 되었다. 그의 몸은 여위어 갔고 그렇게 한 달이 지났다.

겨울이 지나 봄이 왔다. 개울로 흐르는 물소리를 듣고 어느날 설정은 벌떡 일어나 길을 떠나겠다고 했다. 걱정이 되어서 장정 몇이 따라나섰다. 그들은 설정을 부축하고 대청봉을 넘었다. 그 아래 골짜기 관세음 터를 보니 이상한 서기가 한 줄기 하늘로 솟아오르는 것이었다. 설정은 더욱 놀라 한달음으로 암자로 달려 갔다. 법당 쪽에서는 이상한 여자의 그림자가 스쳐 지나가는 듯했다. 설정은 그런 것에 개의치 않고 조카를 부르며 방으로 들어갔다. 조카는 그 어느 때보다도 씩씩한 모습으로 "스님, 이제 돌아오십니까" 하고 인사하는 것이었다. 그동안 그 조카를 관세음보살이 나타나서 젖을 먹이고 길렀다는 것이다. 이 말을 들은 설정은 그날로 암자 이름을 오세암(五歲庵)으로 고쳤다. 다섯 살짜리 꼬마가 지켰다는 뜻이다. 고려 말의 일이었다.

그 뒤로 이 암자는 수차례 고쳐 지어졌다. 노산 이은상(鷺山 李殷相) 선생은 이렇게 시를 지었다.

창파를 잡아당겨 발밑에 깔고
내노라 빼어오른 설악산 청봉
매월이 놀던 데가 어디메던고
뎅그렁 오세암의 풍경이 운다.

오세암에 대한 이 전설과 매월당 김시습과 연유했다는 설과 대조해 보면 하나는 전설이고 하나는 야사인지도 모른다.

칠형제봉 옛날 불제자 일곱 형제가 선녀탕에서 목욕하던 선녀를 훔쳐 보다가 그대로 바위가 되었다는 전설을 간직하고 있는 이 일곱 봉우리는 신비스럽고 오묘한 풍치를 느끼게 한다.

칠성봉 클라이머 설악산의 높은 봉들은 겨울에는 빙벽 훈련장이 되기도 하고, 클라이머들의 등반 코스로 스릴을 맛보는 곳이기도 하다.

울산암

설악산을 등정한 사람으로서 계조암의 흔들바위를 모르는 사람은 없다. 그리고 이 계조암에서 쳐다보이는 거대한 암벽의 울산암을 모르는 사람도 없다. 깎아지른 바위가 금방이라도 굴러 떨어질 것만 같아 일종의 두려움까지 갖게 하는 이 바위는 둘레가 자그마치 10리나 된다. 그렇게 거대한 바위여서인지 가지가지 전설과 해학적인 이야깃거리들이 따르고 있다. 그 하나는 산신령이 금강산을 만들려고 기도했을 때의 얘기이다.

유달리도 금강산에 애착을 가지고 있던 산신령은 봉우리를 1만 2천 봉으로 하고, 그 형체를 가지각색으로 하려고 전국의 각 산에다가 큰 바위를 모조리 금강산으로 보내라고 엄명을 내렸다. 이튿날 전국의 바위란 바위는 모조리 금강산을 향해 길을 떠났다. 경상도 울산에 있던 바위도 남에게 뒤질세라 부지런히 행장을 차려 금강산 여정에 올랐다. 그러나 이 바위는 원래 덩치가 커서 걸음이 몹시 더디었다. 그래도 있는 힘을 다해 북으로 향했다. 그러나 어느새 해도 저물었고 피곤한 김에 깊은 잠이 들었다. 다음날 해가 떠오르자 다시 출발하려고 하던 참이었다. 금강산은 어젯밤으로 이미 1만 2천 봉이 다 차버렸다는 전갈이 왔다. 그래서 이 바위는 오도가도 못하는 형편이 되었다. 바로 이 오도가도 못하는 형편의 '자리'가 오늘날 울산암이 서 있는 자리이다. 곧 지각한 금강산이라고 할까.

이런 일이 있은 뒤로도 세월은 흐르고 흘렀다. 어느새 조선조 배불숭유의 시절……

한 원님이 울산에 부임해 왔다. 설악산에 울산암을 빼앗겼다는 이야기를 듣고 분통이 터져 그 보복의 일환으로 설악산 스님들을 골탕먹이자는 계책을 꾸몄다. 지금이나 그때나 외설악 일대는 신흥사(新興寺) 땅이었다. 어느날 해가 어스레해질 무렵 울산 원님의 교자는 신흥사의 앞뜰에 놓여졌다. 그는 대뜸 소리쳤다. "이 방자한 중들아, 너희 설악산에 우리 고을 바위가 있음에도 모르는 체 하기냐? 올해부터는 바윗세를 꼭꼭 내도록 하여라. 그렇지 않을 때는 너희 절은 폐찰을 면치 못하리라" 이때부터 신흥사는 매년 가을 '바윗세'라는 세금을 울산에 바쳤다. 바치지 않을래야 바치지 않을 수가 없었다. 그때는 관가 유생들의 세상이어서 바치지 않을 경우 무슨 음모가 씌워질지 알 수 없기 때문이었다.

이로부터 신흥사는 날로 기울어져 갔다. 주지의 얼굴은 꼬질꼬질 말라갔다. 그것을 보고 어느날 한 동자승이 물었다. 스님은 "네가 알 일이 아니다"라고 말했다. "소승이 알면 안 되나요? 혹시 대책이 강구될지도 모르니 말씀해 보세요" 주지는 귀찮아하면서도 동자승에게 그 내력을 이야기했다. 그러나 동자승은 "뭘 그까짓 것을 가지고……" 하면서 울산에서 바윗세를 받으러 오거든 자기에게 보내라고 했다. 이윽고 울산에서 바윗세를 받으러 원님이 행차해 와서, 그 원님은 동자승과 만나게 되었다. 동자승은 "마침 잘 오셨습니다. 그러잖아도 저 바위를 가져가라고 전하러 갈 참이었습니다. 저 바위터에 내년부터는 곡식을 심어 절 식량을 만들어야겠습니다" 하고 말하는 것이 아닌가? 원님은 깜짝 놀랐다. 그러나 동자승의 계략에 질 원님도 아니다. "좋다. 그렇다면 곧 파서 갈 터이니 그 바위를 파 가게끔 새끼를 태운 재로 묶어 놓아라" "좋습니다. 다음에 오시면 꼭 분부대로 하겠습니다"

울산 원님이 떠난 뒤 동자승은 마을 청년들을 시켜 새끼더미를 꼬게 하고 그 새끼를 소금물에 절였다. 그런 다음 그 위에다 또 기름을 부었다. 이렇게 소금에 기름을 덧씌운 새끼로 울산바위를 묶고는 그 위에 불을 질렀다. 새끼는 기름에 불이 붙어 훨훨 타

잦은바윗골 천불동 협곡의 험난한 깊은 계곡이다.

새까만 재와 같이 되었으나, 소금에 절은 속만은 튼튼했다. 다시
설악산에 나타난 원님은 동자승의 기지에 의한 새끼줄을 보고
탄식했다. 그는 "중이 된 네 운명이 가엾구나" 하고 훌훌 떠나
버렸다.

전설에 얽힌 한 토막의 얘기지만, 당시 사찰 승려들에 대한 유생
의 횡포가 얼마나 심했던가를 짐작할 수 있게 하는 설화이다.

가리봉 정상에서 조망한 대승령 한계 리에서 내설악으로 가는 첫 능선 고개로서 구유소가 있다.(위)

흑선동 계곡(왼쪽)

설악산 경관의 보존

　설악산은 수려한 자연 경관만이 아니고 희귀한 생태계의 특성으로 길이 민족의 유산으로 보존되어야 한다. 그것은 자연 보호는 물론 여기에 부수되는 환경 정화에 세심하게 힘써야 한다.

　경관의 보존은 인위적인 파괴가 절대로 있어서는 안 되고 외적 요소인 기상, 온도 등에 의한 파괴 침식도 직접적인 외인(外因) 작용이 미치지 않도록 보호, 대비책을 세워야 한다.

　내설악의 백담, 수렴, 구담, 가야의 계곡들, 외설악의 천불동 계곡과 그 주변 지류의 계곡 그리고 남설악의 한계천 계류와 주변 계류 등 무엇보다 수계(水系) 보존이 가장 긴요하다. 보존은 오염의 적극적 방지가 필수이기도 하고 계류 주변의 조영물에 의한 유수의 인공적 변경을 해서는 안 된다. 수계가 잘 보존될 때 생태계의 보전이 더불어 육성되기 때문이다.

　보존 보호와 개발은 상반된 개념이다. 그러나 오늘날 제한된 개발이 불가피하겠지만 대규모 이기적 상업적 개발 명분이 자연 훼손과 파괴의 엄청난 요인이 되고 있다. 여기에 이용(利用)의 개념이 개발의 범주에 들어갈 것이 아니라 보존의 테두리 속에서 선도되어야

외설악 케이블카 탐승객 편의 시설만이 늘어나고 산이 개발되는 현실에서, 진정 산을 사랑하는 국민 의식 고취가 무엇보다 시급하다.

할 것이다.

인위적 파괴는 사람들의 무질서한 행위와 쓰레기에서도 발생한다. 들고 간 것은 그대로 들고 내려오는 이른바 환경 정화 운동의 적극적 계몽이 필요하다. 아울러 국민적 정서를 해치지 않는 계절적 정취를 자유롭게 즐길 수 있도록, 단순한 행정력의 안이한 발상으로 입산 금지를 시행하는 것도 지양해야 할 줄 안다. 그것은 국민 휴양 공간의 자유로운 개방은 제도적 보완이 철저하면 '입산 금지'로까지

설악동 외설악 관광촌 설악산의 샤모니라고 부르는 관광 숙박 시설이 소공원에 세워졌다.

가지 않아도 될 것이다. 이 자연이 내 집이고 내 정원이라는 철저한 의식 확립이 더욱 중요하다는 것이다.

　필요한 제한된 개발은 만부득하겠지만 그것이 생태계나 경관을 파괴해서도 안 된다. 철저한 환경 평가의 바탕에서 최소한에 국한해야 할 것이고 불필요한 조영물의 정비도 필요할 것이다. 국민 정서를 내 나라 아름다운 자연 경관에서 즐기고 느끼게 할 때 그것이 곧 애국과 국토 사랑으로 승화되기 때문이다.

설악산 주변의 명승과 고적

화진포(花津浦)와 대진(大津)

간성에서 북쪽으로 가면 해수욕장으로 이름난 화진포가 나온다. 그곳에는 김일성의 별장이 있고 수복 뒤에 우리 쪽에서 대통령 별장을 지으면서 갑자기 유명해졌다. 이곳 해안의 송림과 석호와 흰 사주(沙洲)는 천하의 절경이다. 더 북으로 가면 명호리 마을의 폐허를 볼 수 있다. 대진항은 북쪽 끝 항구인데 북쪽 약 20리 지점인 마차리(馬次里)까지가 민간인 출입 한계 지역이다. 휴전선 건너편에는 마을이 보이고 삼일포가 있다. 고지에 올라서면 눈으로도 해금강과 금강산이 아득하게 보인다.

청간정(淸澗亭)과 건봉사(乾鳳寺)

간성에서 속초로 향해 남하하여, 차로 약 30리를 가면 관동 팔경의 하나인 청간정에 이른다. 바로 밑에는 766칸이나 되는 건봉사가 있는데 신라 법흥왕 7년에 창건하여 경덕왕 때 중건한 절이다. 임진왜란 때에는 사명 선사(四溟禪師)가 승병을 이끌고 처음 출병한 곳으로서 해인사, 통도사, 범어사 등과 나란히 겨루는 대찰(大刹)

건봉사 불이문 금강산
  남쪽 자락에 자리잡은
  건봉사는 한때 사세가
  굉장했던 유서깊은 절이
  다.(위)
청간정 지방유형문화재
  제32호인 이 정자는 관
  동팔경의 하나이다.
  (왼쪽)

화진포 둘레가 16킬로미터나 되는 이 호수는 그 입구에 해당화가 무성하고 송림에 둘러싸여 있다. 특히 해마다 겨울이면 천연기념물 제20호인 고니가 찾아드는 곳이다.

이었으나 6·25 동란 당시 불이문(不二門)만 남기고 폐허가 되어 뜰에는 "나무아미타불"이라 적힌 돌기둥만 뒹굴고 있었는데 최근에 중수 작업을 시작하였다. 여기서 속초까지는 20리 길이다.

낙산사(洛山寺)와 의상대(義湘臺)

속초에서 양양으로 가는 길가에는 또 하나의 관동 팔경인 낙산사가 있고 그 곁에는 동해의 조망대로서 관동의 으뜸인 의상대가 있다. 의상대 바로 옆에는 낙산 해수욕장이 있다.

하조대(河趙臺)

양양군 현북면 하광정리(下光丁里) 해변에 위치한 해금강을 연상케 하는 풍치 절경의 암벽이다. 하조대 입구의 10리 백사장은 해수욕장으로도 유명하다.

영랑호(永郎湖)

금강산에 비겨 손색이 없다는 설악산을 등에 업은 속초시 서쪽 교외에는 또한 맑디맑은 호수 하나가 있다. 옛날 신라 때에 영랑(永郎), 술랑(述郎), 안상(安詳), 남석(南石) 등 네 신선 또는 네 화랑이 금강산에서 놀다가 영랑만이 이 호수에 매혹되어 배를 띄워 놀았다 하여 영랑호란 이름이 생겼다는 전설을 지닌 호수이다. 그리고 지금은 바다와 합수(合水)하였지만 속초 남쪽에 논미호라는 또 하나의 푸른 호수가 있었다. 예로부터 원님이 부임하면 이 호수에 꽃배를 띄워 강원도의 예쁜 아가씨들을 태우고 연 3일 밤을 새워가며 가무를 즐겼다고 하는데, 한편으로는 널빤지에 불을 피워 수없이 호면에 띄우면 호수는 온통 불꽃밭을 이루고, 호수가에서는 남녀노소 가릴 것 없이 모두 나와 이에 호응하여 큰 잔치가 벌어지곤 했다는 마을이 속초이다. 금장대(金將臺)에서 영랑호를 보는 모습이 일품이다.

천학정(天鶴亭)

1931년 건축된 것으로 토성면 교암리(橋岩里) 해안에 있으며, 전망이 좋다.

송지호(松池湖)

죽왕면(竹旺面) 오봉리(五峰里)에 있다. 풍치 절경이며 피서지로 또 낚시터로 유명하다.

스키장

신흥사 늘목령 부근은 산 스키의 적지이고 진부령이나 대관령에 못지않은 적설을 본다. 대관령의 용평 스키장과 진부령의 알프스 스키장은 설악산 주변의 겨울 스포츠뿐이 아니고 사철 휴양지로서 개발되고 있다.

설악산 여명

설악산 일출

설악산 등산 코스

외설악 소공원 기점

천불동(千佛洞) 코스
설악동—신흥사 앞—정고리—와선대—비선대—귀면암—오련폭—양폭—천당폭—희운각—소청봉—대청봉

이 등산 코스는 설악산 등산에서 제일 많이 알려진 등산로인데, 봄가을에는 초심자라도 길을 찾아가기가 쉽게 되어 있다. 설악에서 인공적인 가설물이 곳곳에 세워진 대표적인 코스라고도 할 수 있다. 그러나 이런 코스에서라도 갑작스럽게 변하는 기상 변화나 예기치 않은 사고에 대비하여 경험있는 리더나 기본적인 등산용품을 꼭 휴대하고 있어야 위험을 방지할 수 있다. 곧 외설악의 대표적 코스로 널리 알려져 있으나 등산 장비 없이 오르는 것은 삼가야 한다.

양폭 오런 폭포를 지나 10분 정도 가면 계곡이 좌우로 분류되는 지점에 자리잡고 있는 폭포로서 오른쪽에서 흐르는 것을 양폭, 왼쪽에서 흐르는 것을 음폭이라 한다.

마등령(馬蹬嶺) 코스

설악동─정고리─와선대─비선대─금강굴─1035미터 봉─세존봉
─금강문─마등령─오세암─가야동 계곡 상류─봉정암─대청봉

이 코스는 외설악에서 내설악으로 횡단할 때 택하기 쉬운 코스이
며, 천불동을 옆으로 끼고 그 기관을 보면서 등산할 수 있는 특색을
가진 곳으로, 보통 이른 아침에 출발해서 하루에 오세암까지 갈
수 있다. 천불동 코스로 정상에 올랐다가 이 마등령 코스로 하산하
는 경우가 많다.

천화대의 절경과 천불동 연봉들의 장엄하게 솟은 모습이 안개
속에 가렸다 보였다 하는 그 경치는 이 코스에서만 볼 수 있는 선경
이다.

희운각 산장

천화대 전경

내설악 백담사 기점

수렴동·구곡담 계곡 코스
외가평―백담사―영시암 터―수렴동―구곡담 계곡―쌍룡폭―사태골―봉정암―소청봉―대청봉

외가평에서 하차하여 백담사까지 거리가 10킬로미터로서 걸으면 2시간쯤 걸려 백담사에 도착하게 되는데, 지금은 찻길이 백담사 앞까지 나와 있어 이 길로 차량이 들어갈 수 있다.(겨울 제외)

내설악 가야동 코스
외가평―백담사―영시암 터―수렴동 초입 대피소―가야동 계곡―희운각―중청봉―대청봉

수렴동·구곡담 코스와 같이 수렴동 초입 대피소까지는 같은 길인데, 이 대피소에서 길을 왼쪽 계곡길로 잡으면 가야동 계곡이 된다. 이 코스는 용아장성의 북벽을 보며 올라가는 협곡으로 계곡 양쪽 벽의 험한 길을 몇 번이나 지나야 되고 때로는 계곡 물을 가로지르기도 하며 벽을 횡단해야 되는 코스이다.

오세암·마등령(공룡릉) 코스
외가평―백담사―영시암 터―원명암 터―오세암―마등령―
┌**비선대―신흥사**
└**공룡능선―희운각―중청봉―대청봉**

이 코스는 오세암까지는 내설악 코스와 같으나 여기서 봉정암으로 가지 않고 마등령으로 길을 잡아, 일박 코스로는 마등령에서 그대로 외설악 천불동으로 내려가서 비선대에서 신흥사로 갈 수도 있고 다시 비선대에서 가고 싶은 외설악의 각 코스를 택할 수 있

겨울 대청봉 능선을 오르는 산악인들

다. 다만 정상을 밟지 않고 내설악에서 외설악으로 빠지는 횡단
등산이 되기 때문에 마등령에서 공룡 능선을 종주하여 중청, 대청봉
에 올라갈 수 있다. 아주 숙련된 산악인만이 허락되는 변형 코스
이다.

남설악 장수대 기점

대승폭 코스

한계리−옥녀탕−하늘벽−장수대

장수대−대승폭−대승령 ┬ 12선녀탕
└ 대승골−백담사
└ 북주릉−대청봉

이 코스에서는 장수대에서 대승폭까지 초보적인 바위 타는 기술
이 필요하게 되나 오래지 않아 길은 평탄해지고 골짜기를 왼쪽으로
끼면 오솔길은 단풍나무 사이로 대승령까지 뻗쳐 있다. 하늘벽의
울창한 수림과 옥녀탕 등의 절경을 볼 수 있는 코스이다.

주전골 선녀탕 계곡

주전골 옥녀 폭포

오색약수리 코스

한계령─오색약수리─설악 폭포─대청봉

이 코스는 장수대에서 한계령을 거쳐 오색약수터를 기점으로 한 것이다. 오색리에서 똑바로 길을 따라 설악 폭포를 거쳐 급사면을 타고 당일로 청봉에 올라갔다 하산할 수 있는 가장 짧은 코스이다. 하산은 오색리로 되돌아와도 되고 희운각을 거쳐 천불동 계곡으로 하산할 수도 있다.

외설악 관광 코스

당일 또는 몇 시간의 관광 코스라고 하지만 변화 많은 설악 지대이므로 꼭 물통과 간편한 복장을 해야 된다. 굽 높은 신이나, 슬리퍼 같은 신발은 절대 신지 않아야 한다. 걷는 시간이 많으므로 두꺼운 양말을 신는 것이 이상 적이다. 또한 큰 소리를 질러 남에게 폐가 되는 행위는 절대 안 해야 된다.

① 울산암 코스
설악동―신흥사―세심천 계곡―계조암―울산암

② 권금성 코스
1. 설악동―비룡교―권금성
2. 설악동―케이블카―권금성

③ 토왕성 계곡 코스
설악동―비룡교―육담 폭포―비룡 폭포―토왕성 폭포

④ 비선대 코스
설악동―신흥사―정고리 쌍천―와선대―비선대―금강굴

내설악 관광 코스

내설악은 외설악과 달리 아직 시외버스가 백담사 앞이나 장수대까지 운행 되고 있지 않고 대절 버스로만 들어갈 수 있다. 특히 외설악과는 달리 비교적 자연은 잘 보호되어 있고, 시설이 없기 때문에 하이킹 차림이어야 한다. 또한 계곡미의 극치를 이루는 내설악에서는 개울을 건너야 할 때가 많으므로 이에 따른 준비도 해야 된다.

① 백담사 주변을 기점으로
1. 백담 산장―영시암 터―관음폭―쌍룡폭
2. 백담 산장―대승골(흑선동 계곡)―대승령―대승 폭포―장수대(차편을 이용해서)―하늘벽―옥녀탕―백담사
3. 백담 산장―한계리―옥녀탕―하늘벽―장수대―대승폭―대승령―대승골―백담사

4. 백담 산장－남교리－12선녀탕－대승령, 대승폭－장수대(차편)－하늘벽
－옥녀탕－백담사

② 장수대 주변을 기점으로

1. 장수대－사중폭－대승 폭포－대승령－백담사(차편으로)－외가평－한계
리－장수대

2. 장수대(차편으로)－옥녀탕－한계리－남교리－12선녀탕－대승령－대승
폭－사중폭－장수대

3. 장수대－한계령－한계령 능선－한계령－장수대

4. 장수대－대승 폭포－대승령－안산(길마산)－한계고성－옥녀폭－옥녀탕
－하늘벽－오열탄－장수대

5. 장수대－가리봉－장수대

6. 장수대－대승폭－한계령－오색약수－
양양－속초

※ 모든 코스는 그 반대 코스를 택할 수도
있다.

오색약수

빛깔있는 책들 301-16

설악산

글	—손경석
사진	—성동규

발행인	—장세우
발행처	—주식회사 대원사

주간	—박찬중
편집	—김한주, 조은정, 황인원
미술	—윤봉희
전산사식	—육세림, 이규헌

첫판 1쇄	—1993년 6월 15일 발행
첫판 6쇄	—2003년 11월 30일 발행

주식회사 대원사
우편번호/140-901
서울 용산구 후암동 358-17
전화번호/(02) 757-6717~9
팩시밀리/(02) 775-8043
등록번호/제 3-191호
http://www.daewonsa.co.kr

잘못된 책은 책방에서 바꿔 드립니다.

(대) 값 13,000원

Daewonsa Publishing Co., Ltd.
Printed in Korea(1993)

ISBN 89-369-0144-3 00980

빛깔있는 책들